"十四五"国家重点出版物出版规划项目
青少年科学素养提升出版工程

中国青少年科学教育丛书
总主编　郭传杰　周德进

绚丽的声光

郑青岳 编著

浙江教育出版社·杭州

图书在版编目（ＣＩＰ）数据

绚丽的声光 / 郑青岳编著. -- 杭州 ：浙江教育出
版社，2022.10（2024.5重印）
（中国青少年科学教育丛书）
ISBN 978-7-5722-3192-6

Ⅰ. ①绚… Ⅱ. ①郑… Ⅲ. ①声学－青少年读物②光
学－青少年读物 Ⅳ. ①O4-49

中国版本图书馆CIP数据核字(2022)第043373号

中国青少年科学教育丛书

绚丽的声光

ZHONGGUO QINGSHAONIAN KEXUE JIAOYU CONGSHU
XUANLI DE SHENGGUANG

郑青岳　编著

策　　划	周　俊	责任校对	余晓克
责任编辑	吴颖华　段　炼	责任印务	曹雨辰
美术编辑	韩　波	封面设计	刘亦璇

出版发行 浙江教育出版社（杭州市环城北路177号 电话：0571-88909724）
图文制作 杭州兴邦电子印务有限公司
印　　刷 杭州富春印务有限公司
开　　本 710mm×1000mm　　1/16
印　　张 17.25
字　　数 345 000
版　　次 2022年10月第1版
印　　次 2024年5月第3次印刷
标准书号 ISBN 978-7-5722-3192-6
定　　价 48.00元

如发现印、装质量问题，请与我社市场营销部联系调换。联系电话：0571-88909719

总序

　　高度重视科学教育，已成为当今社会发展的一大时代特征。对于把建成世界科技强国确定为 21 世纪中叶伟大目标的我国来说，大力加强科学教育，更是必然选择。

　　科学教育本身即是时代的产物。早在 19 世纪中叶，自然科学较完整的学科体系刚刚建立，科学刚刚度过摇篮时期，英国著名博物学家、教育家赫胥黎就写过一本著作《科学与教育》。与其同时代的哲学家斯宾塞也论述过科学教育的重要价值，他认为科学学习过程能够促进孩子的个人认知水平发展，提升其记忆力、理解力和综合分析能力。

　　严格来说，科学教育如何定义，并无统一说法。我认为科学教育的本质并不等同于社会上常说的学科教育、科技教育、科普教育，不等同于科学与教育，也不是以培养科学家为目的的教育。究其内涵，科学教育一般包括四个递进的层面：科学的技能、知识、方法论及价值观。但是，这四个层面并非同等重要，方法论是科学教育的核心要素，科学的价值观是科学教育期望达到的最高层面，而知识和技能在科学教育中主要起到传播载体的功用，并非主要目的。科学教育的主要目的是提高未来公民的科学素养，而不仅仅是让他们成为某种技能人才或科学家。这类似于基础教育阶段的语文、体育课程，其目的是提升孩子的人文素养、体能素养，而不是期望学生未来都成为作家、专业运动员。对科学教育特质的认知和理解，在很大程度上决定着科学教育的方法和质量。

科学教育是国家未来科技竞争力的根基。当今时代，经历了五次科技革命之后，科学技术对人类的影响无处不在、空前深刻，科学的发展对教育的影响也越来越大。以色列历史学家赫拉利在《人类简史》里写道：在人类的历史上，我们从来没有经历过今天这样的窘境——我们不清楚如今应该教给孩子什么知识，能帮助他们在二三十年后应对那时候的生活和工作。我们唯一可以做的事情，就是教会他们如何学习，如何创造新的知识。

在科学教育方面，美国早在 20 世纪 50 年代就开始布局。世纪之交以来，为应对科技革命的重大挑战，西方国家纷纷出台国家长期规划，采取自上而下的政策措施直接干预科学教育，推动科学教育改革。德国、英国、西班牙等近 20 个西方国家，分别制定了促进本国科学教育发展的战略和计划，其中，英国通过《1988 年教育改革法》，明确将科学、数学、英语并列为三大核心学科。

处在伟大复兴关键时期的中华民族，恰逢世界处于百年未有之大变局，全球化发展的大势正在遭受严重的干扰和破坏。我们必须用自己的原创，去实现从跟跑到并跑、领跑的历史性转变。要原创就得有敢于并善于原创的人才，当下我们在这方面与西方国家仍然有一段差距。有数据显示，我国高中生对所有科学科目的感兴趣程度都低于小学生和初中生，其中较小学生下降了 9.1%；在具体的科目上，尤以物理学科为甚，下降达 18.7%。2015 年，国际学生评估项目（PISA）测试数据显示，我国 15 岁学生期望从事理工科相关职业的比例为 16.8%，排全球第 68 位，科研意愿显著低于经济合作与发展组织（OECD）国家平均水平的 24.5%，更低于美国的38.0%。若未来没有大批科技创新型人才，何谈到 21 世纪中叶建成世界科技强国?!

从这个角度讲，加强青少年科学教育，就是对未来的最好投资。小学是科学兴趣、好奇心最浓厚的阶段，中学是高阶思维培养的黄金时期。中小学是学生个体创新素质养成的决定性阶段。要想 30 年后我国科技创新的大树枝繁叶茂，就必须扎扎实实地培育好当下的创新幼苗，做好基础教育阶段的科学教育工作。

发展科学教育，教育主管部门和学校应当负有责任，但不是全责。科学教育是有跨界特征的新事业，只靠教育家或科学家都做不好这件事。要把科学教育真正做起来并做好，必须依靠全社会的参与和体系化的布局，从战略规划、教育政策、资源配置、评价规范，到师资队伍、课程教材、基地建设等，形成完整的教育链，像打造共享经济那样，动员社会相关力量参与科学教育，跨界支援、协同合作。

正是秉持上述理念和态度，浙江教育出版社联手中国科学院科学传播局，组织国内科学家、科普作家以及重点中学的优秀教师团队，共同实施"青少年科学素养提升出版工程"。由科学家负责把握作品的科学性，中学教师负责把握作品同教学的相关性。作者团队在完成每部作品初稿后，均先在试点学校交由学生试读，再根据学生的反馈，进一步修改、完善相关内容。

"青少年科学素养提升出版工程"以中小学生为读者对象，内容难度适中，拓展适度，满足学校课堂教学和学生课外阅读的双重需求，是介于中小学学科教材与科普读物之间的原创性科学教育读物。本出版工程基于大科学观编写，涵盖物理、化学、生物、地理、天文、数学、工程技术、科学史等领域，将科学方法、科学思想和科学精神融会于基础科学知识之中，旨在为青少年打开科学之窗，帮助青少年开阔知识视野，洞察科学内核，提升科学素养。

"青少年科学素养提升出版工程"由"中国青少年科学教育丛书"和"中国青少年科学探索丛书"构成。前者以小学生及初中生为主要读者群，兼及高中生，与教材的相关性比较高；后者以高中生为主要读者群，兼及初中生，内容强调探索性，更注重对学生科学探索精神的培养。

"青少年科学素养提升出版工程"的设计，可谓理念甚佳、用心良苦。但是，由于本出版工程具有一定的探索性质，且涉及跨界作者众多，因此实际质量与效果如何，还得由读者评判。衷心期待广大读者不吝指正，以期日臻完善。是为序。

2022 年 3 月

目录

● **第 1 章　声音的产生和传播**

人和一些鸟类、昆虫的发声　　　003

波和声波　　　009

声音的传播速度　　　013

会堂多通道声音干扰的消除　　　016

音障和音爆　　　017

听诊与听漏　　　019

声发射检测　　　023

水声通信　　　024

● **第 2 章　声音的反射、吸收和折射**

声音的反射　　　029

利用反射聚集声波　　　032

声　呐　　　034

声音的折射　　　037

声音的吸收　　　039

混　响　　　042

● **第 3 章　乐音与噪声**

— 乐音的音高　　　　　　　　　　049

— 乐音的"色彩"　　　　　　　　　054

— 声音的强度分级　　　　　　　　058

— 手机如何消除噪声　　　　　　　062

— 噪声的利用　　　　　　　　　　063

● **第 4 章　耳和听觉**

— 耳的结构与功能　　　　　　　　069

— 声音的骨传导　　　　　　　　　072

— 人为什么需要两只耳　　　　　　074

— 一些动物的耳　　　　　　　　　078

— 听力的丧失和改善　　　　　　　083

— 耳的保护　　　　　　　　　　　086

● **第 5 章　听不见的声音**

├─ 自然界中的次声波　　　　　　　091

├─ 次声波的应用　　　　　　　　　094

├─ 自然界中的超声波　　　　　　　096

└─ 超声波的应用　　　　　　　　　099

● **第 6 章　光和影**

├─ 生物发光　　　　　　　　　　　107

├─ 无影灯下为什么没有影　　　　　110

├─ 月食与日食的成因　　　　　　　114

├─ 光速的测量　　　　　　　　　　117

└─ 光　尺　　　　　　　　　　　　121

● **第 7 章　光的反射和折射**

├─　哪些物体会反射光　　　　　　　　129

├─　费马定理：光的聪明选择　　　　　130

├─　交通标志牌的逆反射　　　　　　　132

├─　光的折射现象的模拟　　　　　　　135

├─　大气使地球的白昼变长　　　　　　136

└─　奇幻的海市蜃楼　　　　　　　　　140

● **第 8 章　曲面镜与透镜**

├─　凹面镜　　　　　　　　　　　　　147

├─　凸面镜　　　　　　　　　　　　　150

├─　凸透镜　　　　　　　　　　　　　153

└─　凹透镜　　　　　　　　　　　　　158

● **第 9 章　五彩缤纷的世界**

牛顿对光的颜色的研究　　　　165

发光物体的颜色　　　　168

不发光物体的颜色　　　　170

光的三原色　　　　176

颜料的三原色　　　　179

彩色照片是怎样拍摄出来的　　　　184

虹和霓　　　　187

天空的颜色　　　　191

夕阳和朝阳的颜色　　　　196

云的颜色　　　　198

● **第 10 章　眼和视觉**

眼球的结构与功能　　　　203

一些动物的眼睛　　　　211

视觉暂留与电影　　　　215

立体视觉与单目视觉　　　　218

● **第 11 章　视力的限制和缺陷**

眼的近点、远点和分辨力　　　227

近视和远视　　　231

散　光　　　235

激光角膜屈光手术　　　237

色　盲　　　240

● **第 12 章　看不见的光**

红外线和紫外线的发现　　　247

无处不在的红外线　　　250

红外线的广泛应用　　　251

紫外线的特性与应用　　　254

臭氧层与紫外线　　　258

第 1 章

声音的产生和传播

　　"丁零零……"，闹钟清脆的铃声把你从晨梦中唤醒；打开窗户，你听到树上鸟儿叽叽喳喳的叫声；上学路上，你戴着耳机聆听 MP3 的歌声；在学校里，你听到同学琅琅的读书声……我们每一天都被各种各样的声音所包围，同时也制造出许许多多的声音。你对声音的产生和传播了解多少？

图 1-1　闹钟的铃声把你唤醒

人和一些鸟类、昆虫的发声

每当我们打开收音机，收音机便发出声音。把一个气球按如图 1-2 所示的方式靠在收音机的喇叭上，可以看到气球在喇叭上来回跳动，这是由收音机喇叭振膜的振动引起的。喇叭振膜的振动不容易看清楚，气球以放大的方式间接地反映喇叭振膜的振动。事实上，一切声音都是因声源的振动而发出的。

将手指轻轻地放在自己的喉部并发出声音，你就能感受到发声时声带的振动。那么，是什么原因引起声带振动呢？

图 1-2　用气球显示发声喇叭振膜的振动

如果你把气球吹足气，然后再把球内的空气放出来，气球就会发出"哧哧"声，气球出气口的橡皮膜就相当于你的声带。人的喉位于气管的上方（见图1-3），喉里有两片薄膜，从喉壁伸出，叫作声带。两片声带之间有一个裂隙，叫作声门。当你呼吸时，声带被推到边上〔见图1-4（a）〕，空气就可以通过了。当你说话或唱歌时，肌肉的收缩使两片声带靠拢到一起〔见图1-4（b）〕，肺内的空气通过这个裂隙冲出来，引起声带振动，声带的振动又带动周围空气的振动，从而发出了声音。

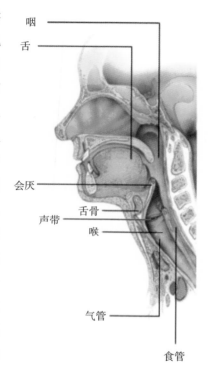

咽
舌
会厌
舌骨
声带
喉
气管
食管

图1-3 人的喉咙

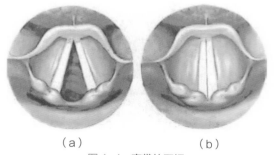

（a）　　　　　　（b）

图1-4 声带的开闭

正如拉琴时，琴弦绷得越紧，发出的声音音调就越高一样，改变声带的松紧也会使你说话声音的音调高低发生改变。当声带收紧时，振动的频率变大，你说话声音的音调就比较高；当声带松弛时，振动的频率变小，你说话声音的音调就比较低。人正常的发音还需要呼吸、胸腔运动，以及嘴唇和舌头运动的协调。

公鸡天亮时会"喔喔喔"地打鸣（见图1-5），母鸡生蛋后会"咯咯咯"地叫，鸡的声音是怎样发出来的？

鸡和其他鸟类都有较为复杂的发声器官——鸣管（见图1-6）。鸣管位于气管与两侧支气管分叉的地方。此处的内外侧管壁均变薄，称为鸣膜，吸气和呼气时气流均能使鸣膜振动而发出声音。鸣管外侧有鸣肌，鸣肌受神经支配，可控制鸣膜的紧张度而发出不同音调的声音。

图1-5　公鸡打鸣

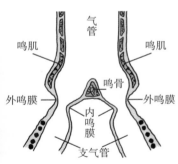

图1-6　鸡的鸣管（纵切面）

你听过蟋蟀"唧唧"的鸣声吗？你听过蚊子、苍蝇飞过时发出的"嗡嗡"声吗？这些昆虫的声音又是怎样发出的呢？

跟自然界中的许多动物一样，昆虫也会发出各种声音。但与人类和鸟类不同，大多数昆虫并没有专门的发声器官。它们是靠身体的其他部位发声的。

摩擦发声 摩擦发声是昆虫非常普遍的发声方式。许多昆虫发声的方式与弹奏电吉他用刮片拨动琴弦的方式类似。雄性蟋蟀（见图1-7）的发声器在前翅上：右前翅的腹侧基部有锯齿状的音锉，类似于琴弦；左前翅的背侧基部有钝片状突起，类似于刮片。蟋蟀不鸣叫时，右翅覆盖在左翅上；鸣叫时，双翅举起并向两侧张开，又迅速闭合，在不断地张开和闭合的过程中，左翅的"刮片"便与右翅的"琴弦"发生摩擦，形成鸣声。雌蟋蟀的翅膀很平滑，不会发声。树螽是世界上"嗓门"最大的昆虫之一，它能发出如电锯般的巨响，树螽的声音也是通过摩擦翅膀上的齿片产生的。

图1-7 雄性蟋蟀

气流发声 由口发声的昆虫数量不多，如图1-8所示的天蛾就是靠内唇发声的。当咽及肌肉收缩形成气流在口内流出时，遇内唇受阻造成旋转的气流，发出犹如人吹哨的声音。蟑螂的"嘶嘶"声也是通过从体内挤出空气的方式产生的。

振翅发声 许多昆虫在飞行时，会因翅的拍打、胸部骨片的振动，以及左右翅相互拍击而发出声音。不同种类的昆虫在飞行时翅振频率不同：天蛾飞的时候每秒翅振约 1000 次；山蜂飞的时候每秒翅振约 220 次；蜜蜂（见图 1-9）未携带花蜜飞行时每秒翅振约 440 次，如果带着蜜飞行，则每秒翅振只有约 330 次（有经验的养蜂人根据蜜蜂飞行发出的声音高低，就可以判断蜜蜂是否采了蜜）；蚊子飞的时候每秒翅振 500～600 次。

图 1-8 天蛾

图 1-9 蜜蜂

　　膜振发声　盛夏时节，常可以听见蝉（见图 1-10）在树上大声地鸣叫。像蝉这类昆虫，它的发声器结构分大小两室，大室里有褶膜和镜膜，小室位于体的内侧，内有鼓膜。当蝉体内壁收缩时，鼓膜因振动发出声音，加之镜膜的协助和共鸣室的共鸣作用，声音就分外响亮了。蝉的鸣叫声可高达 120 分贝，相当于割草机开足马力时发出的声音。叫声可阻止鸟类的沟通，打断它们集体捕食的活动。只有雄蝉才会发声，雌蝉因发声构造不完全，不会发声。

图 1-10 蝉

碰击发声　叩头虫（见图 1-11）在我国分布较广，其种类很多，在我国已知有 600 多种，其中一些是农林主要害虫。有趣的是，当我们抓住叩头虫并把它按在桌上时，它的头部和前胸就会连续地在桌上叩头作响。叩头虫叩头是躲避危险和越过障碍的行为。叩头虫还会以叩"响头"的方式进行信息传递，吸引异性。

图 1-11　叩头虫

　　昆虫发声是信息联系的有效方式，具有求偶、报警、召唤以及恫吓、攻击等作用。许多昆虫通过发出声音来吸引异性，通常发声的往往是雄性，例如，蝉、蟋蟀、蝗虫和树螽就属于这样的昆虫。然而也有一些昆虫是雌性发声来求偶，例如，雌蚊就是通过翅膀特殊的振动发出声音来吸引雄蚊的。

波和声波

　　往平静的水面扔一块石头，水面便会产生向外扩散的水波。与水波相类似，我们平常获得的大多数信息都是通过波的形式来传递的：声音是通过声波传递的；光是通过光波传递的；我们用手机通话，是通过无线电波传递的。波是什么？怎样描述波的特征？

　　如图 1-12 所示，将绳子的一端固定，绳上某处系一条带子。手持绳的另一端上下振动一次，绳上将出现一个由近及远移动的波形；手将绳端持续地上下振动，绳上将出现由近及远移动的连续波形，从而使绳子原来静止的部位也随之上下振动（由绳上系的带子可以看到上下振动）。沿绳子传播的波，只是自然界中一种特殊的波，但它却反映了所有波共同的本质：波是振动由近及远地向外传播，也是能量由近及远地向外传播。

图 1-12　绳中传播的波

由波的本质，我们可以去认识更多类型的波。如图 1-14 所示，将一根长而软的弹簧放在光滑的水平面上，沿着弹簧的轴线方向不断来回推拉弹簧，弹簧上将出现弹簧圈密集和稀疏相间的状态，并且密部和疏部的位置将会由近及远地向另一端移动，从而使弹簧原来静止的部位也来回振动起来。像这种将一端的来回振动沿弹簧轴线方向的传播也是一种波。

图 1-13 艺术体操运动员来回摇晃短棍时，附在短棍上的丝带形成一个波形

图 1-14 弹簧中传播的波

从介质振动的方向与波传播的方向的关系看，沿绳子传播的波和在弹簧中传播的波并不相同。沿绳子传播的波，其介质振动的方向与波传播的方向相互垂直，这种波称为横波，或叫凹凸波。而在弹簧中传播的波，其介质振动的方向与波传播的方向在同一直线上，这种波称为纵波，或叫疏密波。

声波究竟是怎样一种波？它是像沿绳子传播的波（横波），还是像在弹簧中传播的波（纵波）？我们就空气中的声波进行分析。

当喇叭发声时，喇叭的振动膜在不停地振动。如果你有一副"魔力眼镜"，戴上它你能看清空气粒子，你将看到怎样的一幅图景呢？

如图 1-15 所示，你来想象一下振动膜右边空气粒子的变化。当振动膜向右运动时，会将右边空气粒子向右推动，从而使右边的空气粒子变得比原来稠密些，空气的压强也要比原来大些。紧接着，这些空气粒子又要推动邻近的空气粒子……如此逐渐把空气的密部向右传递。当喇叭的振动膜向左运动时，右边的空气粒子会跟着向左运动，从而使右边的空气粒子变得比原来稀疏些，空气的压强也要比原来小些。紧接着，这些空气粒子又会使得右边邻近的空气粒子跟着向左运动……如此逐渐把空气的疏部向右传递。简单地说，喇叭振动膜的左右振动会带动邻近的空气粒子左右振动，而邻近空气粒子的左右振动又会带动更远空气粒子的左右振动，从而把振动膜的振动由近及远地向外传递，直至到达我们的耳朵，使我们听到喇叭发出的声音。

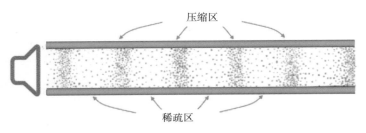

图 1-15　喇叭在空气中产生的声波

从空气中声波形成的微观图景看，空气中的声波是一种疏密波，即纵波。纵波在固体、液体和气体中都能传播，而横波只能在固体中传播。声波能在固体、液体和气体中传播，由此也能推知声波属于纵波。

横波可以用如图 1-16 所示的波形图直观地描述，其中凸起的最高的部位叫作波峰，凹下的最低的部位叫作波谷，相邻两个波峰或两个波谷的距离叫作波长。从波峰或波谷到中线的距离叫作振幅，它表示介质振动幅度的大小。

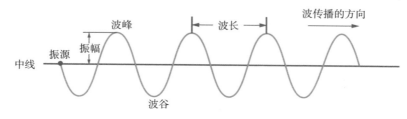

图 1-16　横波的波形图

对于横波来说，波形图中波峰和波谷与波的起伏完全一致；对于纵波来说，波形图中的波峰与介质的密部相对应，波形图中的波谷与介质的疏部相对应。如图 1-17 反映的是声波中的密部、疏部与波形图的对应关系。

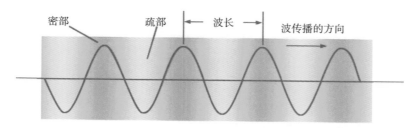

图 1-17　纵波与波形图的对应关系

在图 1-17 中，振源每上下振动一次，就会产生一个完整的波形，波就向右传播一个波长的距离。振源每上下振动几次，就出现几个完整的波形，波就传播几个波长的距离。在 1 秒内产生的完整波形数叫作波的频率，单位为赫兹，简称赫。可见，波的频率为多少，波在1秒内通过的距离即为几个波长。由此可得波速与频率、波长的关系为：

波速＝频率 × 波长

虽然这个公式是根据绳中传播的波推导出来的，但它对于各种形式的波都是适用的。

声音的传播速度

声音在固体、液体、气体中都能传播。在空气中，声音传播的快慢取决于空气的温度和湿度，与声音的强弱和频率无关。声音在0℃、干燥的空气中的传播速度约为330米／秒。空气中的水蒸气会使声速稍微增大些。声音的速度会随温度的升高而增大，这是因为声波是声源的振动在介质中的传播，在介质中，振动是由介质粒子的运动传播的，因而，声音的传播速度与粒子的运动速度有关，温度越高，粒子运动越快，能够更快地将一个粒子的振动传递给另一个粒子。在0℃以上，温度每升高1℃，声音在空气中的速度将提高0.6米／秒。所以，在温度为15℃时，空气中声音的传播速度约为340米／秒。

在不同的介质中，声音传播的速度并不相同。你可能会认为声音在粒子稀疏的介质中传播得更快，即在空气中比在水中或岩石中传播得更快。事实恰恰相反，声音在液体和固体中传播通常要比在气体中快得多。大体上说，粒子越稠密的介质，声音的传播速度越大。这是因为声音的传播实质上是物质粒子振动向外的传播，在气体中，粒子之间的距离很大，一个粒子的振动传递给邻近的另一个粒子需要较长的时间，而在液体和固体中，粒子结合得更紧密，因此能够更快地对邻近粒子的运动做出响应。不过，声音传播的速度还跟其他因素有关，这使得声音在有的固体（如某种橡胶）中传播的速度反而小于在空气中传播的速度。

早在 2000 多年前，中国人就将固体传声效果好的原理用于军事。战国时代的《墨子》一书就记载了一种"听瓮"（见图 1-18），"听瓮"是一种大肚小口的罐子，把它埋在地下，并在瓮口蒙上一层薄薄的皮革，人伏在上

图 1-18　听瓮

面就可以倾听到数十里外敌方军队的动静。

　　设想你以声音传播的速度，朝着声音传播的方向离开一个正在演奏音乐的广场舞台，你能听到舞台上演奏的音乐吗？

声学测温法

全球变暖问题已经成为当今世界极为关注的重大问题，全球变暖的一个重要表现是海水温度上升。全球各处的海水温度并不相同，如何测量偌大的海洋中海水的平均温度呢？科学家利用声音传播的速度与温度的关系，很好地解决了这一问题。

因为声音在温水中传播比在冷水中传播快，于是科学家研究出了用声波测量海水温度的方法，称为声学测温法。

他们在某地海洋深处通过爆炸发出一声巨响，而在几千千米之外的另一地海洋深处接收这个声音（见图 1-19）。根据声音在相隔几千千米的海水中传播的时间，计算出该范围内海水的平均温度，其测量值可精确到 0.01 ℃。每年采用这种方法重复测量，便可了解海水温度的变化。

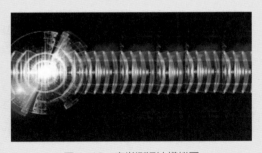

图 1-19　声学测温法模拟图

会堂多通道声音干扰的消除

在一个大的会堂中，通常会在其前后不同位置安装多个音箱。由于电的传输速度很大，可以认为各个音箱是同时发声的。但由于各个音箱与听众的距离不同，而声音在空气中每秒只能传播300多米，这就使得后排观众无法同时听到从不同通道传播的声音。他们先听到的是后场音箱发出的声音，再听到前场音箱发出的声音，如图1-20所示。如果两个声音的时间差大于50毫秒（相当于两个声源与观众的距离相差17米），而且两个声音的强度足够大，就会相互干扰而影响视听效果。

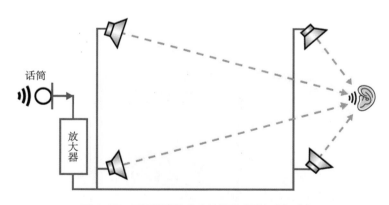

图 1-20　不同通道的声音并非同时到达后场听众

为了使前、后场音箱发出的声音能大致同时到达后场听众的耳朵，应当设法使后场音箱发出声音比前场音箱发出声音略延后些，为此，工程技术人员设计了一种称为延时器的设备，将延时器安装在后场放大器之前，如图 1-21 所示。根据前、后场音箱的距离，可以精确调整后场音箱发声的延迟时间，使前、后场音箱发出的声音能几乎同时到达后场听众，从而达到很好的视听效果。

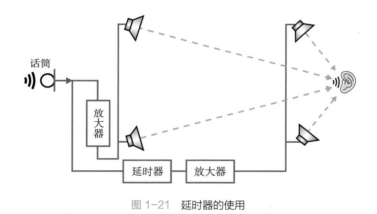

图 1-21　延时器的使用

音障和音爆

　　2015 年 11 月 26 日，居住在四川成都西部的居民突然听到空中传来两三声巨响，有的居民还反映家中的门窗也跟着震动，犹如发生地震一样。为了消除居民的疑虑，成都飞机工业（集团）有限责任公司称，这是该公司的飞机在成都西北方向上空正常飞行时，突破音障发出的音爆。什么叫音障？什么叫音爆？它们是怎样产生的？

　　飞机在空中飞行时会发出声波，由于作为发声体的飞机本身也在运动，所以，在飞机飞行的方向上，声波波峰之间的距离会减小，即声波发生了聚集的状况［见图1-22（a）］，形成一个密度较大的压缩空气层，好像一堵空气墙。飞机飞行的速度越大，空气墙的密度和硬度就越大。空气墙总是以声速向前运动着，只要飞机飞行的速度小于声速，就不会碰上这堵空气墙。当飞机飞行的速度达到音速时，由于飞机飞行的速度追上了声波传播的速度，声波就会被挤压在飞机的头部［见图1-22（b）］，飞机的前方就像撞到这堵空气墙而受到很大的阻力，这就是音障。据航空史记载，音障这堵坚实的空气墙曾经把坚硬的飞机撞得粉碎。飞机飞行的速度很难突破音速，就是因为音障的存在。音障对飞机是一个考验，当飞机的飞行速度大于这个速度（超音速）时，就会打破这道屏障［见图1-22（c）］，并产生强烈的冲击波，发出巨响，这就是所谓的音爆（见图1-23）。音爆的出现，意味着飞

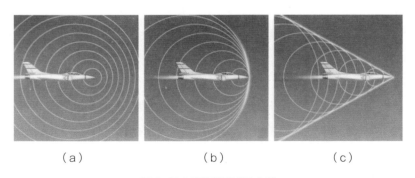

（a）　　　　　　　（b）　　　　　　　（c）

图1-22　音障的形成及突破

图 1-23　飞机突破音障时产生的音爆云呈圆锥形

机已经把声音甩在后面了。有时音爆的噪声和压力会对地面上的建筑物造成损害。

听诊与听漏

　　如果要你画一名医生，你会画成什么模样？穿着白大褂，戴着白帽子，脸上捂着一个大口罩，脖子上佩戴着听诊器？你画得很不错！这些都是医生典型的职业形象。那么你知道，医生脖子上佩戴的听诊器是用来做什么的吗？

　　医生给病人看病要做到对症下药，首先必须对病人的病情做出准确的诊断。望、闻、问、切，都是医生诊断的方法。人的心跳、呼吸、关节的活动，以及骨折面的摩擦等，都会发出声音。医生通过探听人体内发出的这些声音，并根据声音的频率高低、强弱、间隔时间以及是否有杂音等信息，可以诊断人体脏器有无病变，这种诊断方法叫作听诊。它是医生诊断病情的基本手段。

起初，医生们采用的是"直接听诊法"，就是把耳朵贴在病人身上直接听，如图1-24所示。1816年，法国有个名叫雷奈克的医生给一名女性看病，根据病情，雷奈克怀疑这名女性患的是心脏病，可是碍于当时的风俗，雷奈克又不便把耳朵靠在她的胸口听诊。于是，雷奈克找来一张硬纸，卷成一个圆筒，一头按在病人的胸部，另一头紧贴在自己耳朵上完成了听诊，如图1-25所示。之后，雷奈克又设计了世界上第一个木质听诊器。它是一根空心的木管，很像一根笛子，人们把它叫作"医生之笛"。雷奈克借助自己发明的听诊器，诊断出许多不同的胸腔疾病，他也因此被后人誉为"胸腔医学之父"。

图1-24　直接听诊

图1-25　纸筒听诊

经过对听诊器反复多次的改进，现在医生使用的是由胸件（拾音部分）、胶管（传导部分）和耳件（听音部分）构成的听诊器，如图1-26所示。其中胸件带有硬质振动膜，当

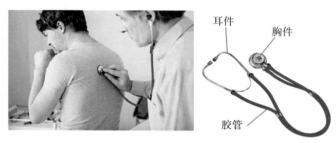

图 1-26　现代听诊器

胸件贴在病人身体的某个部位时，病人体内发出的声波会带动胸件上的振动膜，膜腔内的密闭气体也随之振动。而细窄的胶管能够将接收到的声波放大，并为声波的传送提供通道。声波最后会通过耳件传入医生的耳内。

　　与医生的听诊器相似，有一种被称为听漏仪（见图 1-27）的设备可以用来检测地下水管是否存在漏水现象，以及确定漏水的位置。由于白天外界噪声很大，所以，听漏作业通常都是在深夜进行的。要知道，当你正在香甜的睡梦中时，为了市民的正常生活，自来水公司的听漏工们正忙碌地工作着。

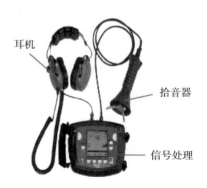

图 1-27　听漏仪

链接

移动听诊器

肺炎是儿童易发的疾病，美国约翰斯·霍普金斯大学和英国慈善组织救助儿童会曾发布一份研究报告，预估从2019年到2030年，全世界可能会有上千万5岁以下的儿童死于肺炎。这个数字甚至比因患麻疹、疟疾和艾滋病而死亡的人数还高。肺炎之所以会成为幼儿的"杀手"，是因为它的症状与小儿感冒类似，家长容易混淆，以致错过治疗时间。利用听诊器可以初步诊断出儿童是否患有肺炎，但这只有经过专业训练的医生才能做到。为了使普通人也能利用听诊器，及时诊断儿童是否患有肺炎，人们开发了借助网络平台的移动听诊器，如图1-28所示。使用时，将移动听诊器的插头插入手机的音频插口，然后将麦克风放在指定位置，麦克风会将呼吸的声音上传到服务器中。服务器会根据世界卫生组织的标准对声音进行分析，并将诊断结果传回。

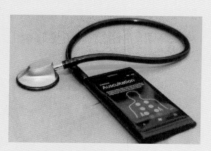

图 1-28　移动听诊器

声发射检测

如果你手拿一根树枝用力将它慢慢弯折直至折断，树枝被折断之前，它会因内部结构的变化而发出异样的声音。同样，一座房子轰然倒塌之前，也会因内部的断裂，以及各个部分的撞击和摩擦引起振动而发出声音。这种声音我们称为声发射信号，它是树枝将被折断、房子将会倒塌的预兆。

声发射是一种常见的现象，研究表明，任何物体在受到外力作用时都会发生形变，形变超过一定限度便会产生裂纹以至断裂，在这个过程中，物体内部由于振动会发出不同的声音。所谓声发射检测，就是通过接收和分析材料的声发射信号来评定材料性能、判断物体是否受损的一种检测方法。

虽然机器开动时发出的声音可以用耳朵直接听到（如图1-29所示，工人师傅通过硬棒聆听机器运转的声音，再根据声音来判断机器内部是否受损或运转是否正常），但是在多数情况下，物体内部出现细小裂纹时，产生的声音或声音的变化极其微弱，人的耳朵根本无法听到，这时就要利用声发射仪进行检测。

图1-29 通过硬棒聆听机器运转的声音

声发射仪相当于材料的听诊器。检测人员用声发射仪对管道进行检测（见图1-30），其原理如图1-31所示：从声发射源发射的微弱声波传至材料表面，声发射传感器接收到这个声信号并将它转换为电信号，然后将信号放大、处理，并予以显示、记录。

图1-30　声发射仪检测

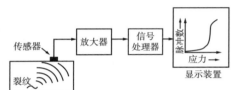
图1-31　声发射仪检测原理图

水声通信

2012年6月，我国"蛟龙号"载人潜水器在西太平洋马里亚纳海沟进行了7062米的深潜试验，这使我国成为继美、法、俄、日之后世界上第五个掌握大深度载人深潜技术的国家。我们常把做某事之难比喻成"难于上青天"，其实，与上天相比，下深海更难。世界上能够发射人造卫星的国家有十多个，但能够掌握潜入深海技术的国家却少得多。这是因为潜入深海需要解决的技术难题中，有的比卫星上天还要难，其中之一就是水下和水面之间如何通信的问题。你知道"蛟龙号"载人潜水器潜入深海时，水下的潜水器与漂浮在海面的母船之间是怎样通信的吗？

声波和电磁波是两种性质不同的波，有趣的是，这两种波的特性此长彼短，能够起到相互补充的作用。由于外太空是真空状态，声波无法进行传播，但电磁波却在其中畅通无阻。我们就是利用电磁波，才得以对太空中的飞行器进行有效的测控。而在水中，电磁波传播时因水的吸收而衰减得很快，传播距离非常短，但海豚、鲸等动物却能够在其中进行远距离的交流。受水生动物在水中的信息交流方式的启示，人们发明了水声通信技术。水声通信的工作过程如图 1-32 所示：在发送信息端，将文字、语音、图像等信息转换成电信号，由功率放大器推动声学换能器将电信号转换为声信号。声信号通过水这一介质传递到远方的接收换能器，这时声信号又转换成电信号，再经过处理将电信号还原成文字、语音及图像。水声通信是迄今唯一可在深海下进行远程信息传输的通信形式，我国的"蛟龙号"载人潜水器就是依靠水声通信技术，实现潜水器和母船之间无缆语音通话和数据传输的。水声通信在军事上有着极其重要的应用，例如，利用水声通信技术，水面舰艇与潜艇或潜艇与潜艇间可以便捷地相互通信，还可以利用水下监测器监测敌方潜艇和舰艇的活动，等等。

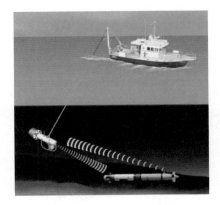

图 1-32　水声通信示意图

第 2 章

声音的反射、吸收和折射

　　晴朗的周末，你和家人一起去登山，当置身于大自然的怀抱中时，你非常兴奋，对着山谷大声地呼喊，如图 2-1 所示。有趣的是，山谷里好像有人调皮地模仿你的叫喊，把你的呼喊声"复制"出来，并传送回来。我们把这个声音称为回声。回声有何利和弊？如何用其利而避其弊？

图 2-1　对着山谷呼喊时，常能听到回声

声音的反射

将台球向球桌边框打去，台球碰到边框后会弹回来，如图2-2所示。类似地，声音从声源发出在空间传播，当碰到障碍物时，也会"弹回来"，或者说声音会发生反射，回声就是被障碍物反射回来的声音。

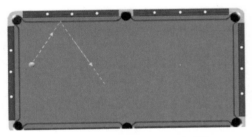

图2-2　台球在球桌边框上的反弹

为了定量地描述声波的反射，如图2-3所示，我们作一与反射面垂直的法线，则入射声波、反射声波与法线的夹角分别称为入射角、反射角。声波反射时遵循反射定律：反射角等于入射角。

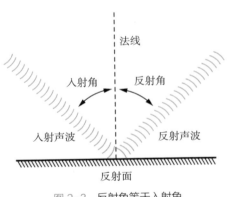

图2-3　反射角等于入射角

生活中有许多现象都跟声波的反射有关。

雷声为什么轰鸣不绝　回忆一下雷雨天时，一道闪电划过，紧接着的是雷声在空中回荡，轰鸣不绝，整个天穹好似被炸裂似的。实际上，每次闪电持续的时间平均只有 0.5 秒左右，但我们听到隆隆的雷声却会持续好几秒。这是为什么呢？

原来，伴随着闪电的雷声是闪电通道上的空气受热后温度急剧升高，体积急剧膨胀而发生的爆炸现象，所以，雷声并不是从空中某一个位置发出，而是在不同的时间从闪电通道不同的位置发出的。这样，不同位置、不同时间发出的雷声到达人耳的时间就有先有后。更重要的原因是，空中某处发出的雷声是沿不同的路径传到你的耳朵的，如图 2-4 所

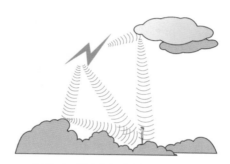

图 2-4　雷声在云层中的反射示意图

示。沿直线径直传到你的耳朵的雷声，会被你最早听到；而经云层和远山多次反射后才传到你的耳朵的雷声，你听到的时间就会晚一些。这样，就会造成雷声轰鸣不绝的效果。

洗手间里的歌声为什么更悦耳　你喜欢唱歌吗？你是否有过这样的经验：在洗手间（见图 2-5）里，或在楼梯的过道上，自己唱的歌听起来更悦耳。怎样解释这一现象呢？

原来，洗手间的空间较小，而且地面和墙面大

图 2-5　洗手间里唱歌，歌声更悦耳

多铺了光滑的瓷砖，在这样的空间里唱歌，发出的歌声很容易在墙壁发生反射，回声与原声相互叠加，会对原声起到美化的作用，使声音听起来比原声更为丰富有力。

隧道里的喇叭声为什么既响又长　如果你坐的汽车在隧道里行驶，对面驶来的汽车响起喇叭声时，你将发现汽车的喇叭声不但比在隧道外听到的要响得多，而且持续的时间也要长得多。为什么会这样呢？

如图 2-6 所示，一辆轿车在隧道里行驶时，另一辆在隧道里行驶的卡车按一下喇叭，则在轿车里的人最先听到的喇叭声是沿最短的路线直接传播过来的，而后续听到的喇叭声是在隧道壁上发生了反射，沿折线路径传过来的。喇叭声在隧道壁上发生反射的次数越多，喇叭声到达人耳经过的路径更为曲折，路线也更长。这样，沿不同路径传播的喇叭声相互叠加，就会使得人在隧道内听到的喇叭声比在隧道外听到的喇叭声不但更响，而且持续的时间也更长。

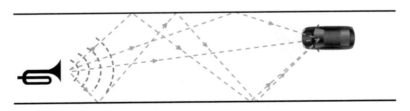

图 2-6　隧道回声

你在地面上可以听到飞机在空中飞行时发出的声音，在晴天听到飞机飞行的声音轻快而短促，而在阴天听到飞机飞行的声音则显得深沉而长久。如何解释这个现象？

利用反射聚集声波

凹形的反射面可以将光聚集起来，每一届奥运会火炬的火种都是利用这种方法采集的（见图 2-7）。类似地，在空间传播的声波，也可以利用凹形表面的反射来聚集。

图 2-7　凹形反射面能够将太阳光聚焦在火炬上，将火炬点燃

有人做了这样一个实验，如图 2-8 所示：在两个铁锅的中间，放上一排点着的蜡烛。然后在右边铁锅的中间扣响发令枪，结果靠近左边铁锅的蜡烛熄灭了，而靠近发令枪的烛焰反而没有熄灭。

图 2-8　枪声灭烛焰实验示意图

这是因为枪声的声波从右边的铁锅反射后，传播到左边的铁锅再次反射后聚集在左边第一支蜡烛的烛焰处，结果把这支蜡烛的火焰击灭了，如图 2-9 所示。

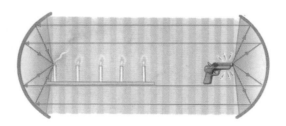

图 2-9　枪声灭烛焰的原理

与上述实验相类似，医学上有一种通过声波反射，汇集声波击碎胆结石的方法。采用这种方法的好处是病人可以免受手术的痛苦。具体做法是：给水中的电极加上 2 万伏的电压，使电极产生一个声波，再利用抛物面形的反射镜把声波集中到结石上，将结石击碎，如图 2-10 所示。

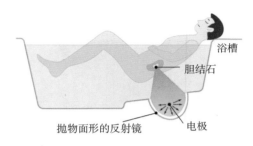

图 2-10　声波击碎胆结石的原理

声　呐

地球表面约有 70% 的面积被海洋所覆盖。深邃的海洋蕴藏着无穷的宝藏，自古以来人类对海洋探秘一直怀有极高的兴趣。人类无论是探索海洋奥秘，还是开发和利用海洋资源，都需要了解海洋的深度。但对古代人来说，测量海洋深度是一件很不容易的事，他们会找来一根很长的绳索，下面挂上一个重物，然后把它投入海中。当重物到达海底后，再把绳索从水中拉出来，量出它没入水中的长度。不过，这种做法很难测量准确，因为流动的海水使绳索在水中无法保持竖直的状态，特别是在深海区测量时，因绳索放得很长，绳索本身甚至比重物还要重，这时测量者感觉不出重物何时到达海底，因此也就无法测量出海有多深了。

利用声音的反射可以方便地进行长度测量。例如，如果你站在一个山崖前大喊一声，2秒后听到喊叫声的回声，你就知道声音从你所在处传到山崖只用了1秒，于是就可以粗测出自己与山崖的距离约为340米（设当时的声速为340米/秒）。现在，我们用来测量海洋深度的声呐系统，就是利用相同的原理工作的。

声呐是声音（sound）、导航（navigation）和测距（ranging）三个词的英文缩写"sonar"的音译。声呐测量海洋深度的做法是：发射机向海底发出一束声波在海水中传播，当声波碰到海底被反射回来后，接收器接收回声。根据声音在水中传播的速度和声波从发射到被反射回来所用的时间，船上的计算机可计算出船与海底的距离，即海水的深度，如图2-11所示。除了测量海洋的深度，声呐还被用来对水下的潜水艇进行探测、定位和跟踪，进行水下

图2-11　利用主动声呐测量海洋深度

通信和导航，保障舰艇、反潜飞机的战术机动，以及鱼雷制导、鱼群探测、海洋石油勘探、船舶导航、水下作业、水文测量和海底地质地貌的勘测（见图 2-12）等。随着技术的进步，新一代声呐具有更先进的探测性能，一些高科技声呐还具有相当高的分辨率，能够识别蛙人和可疑水下航体。

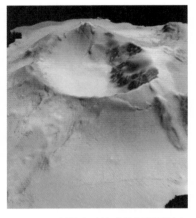

图 2-12　利用声呐技术绘制并经过上色处理的巴罗塔海底火山

连接

被动声呐和主动声呐

　　声呐有被动声呐和主动声呐两种。被动声呐本身并不发出声波，它仅仅用来侦听舰艇、潜艇和海洋生物发出的声音，可以判断是否存在这些物体，以及在哪个方向上，但却不能判断这些物体的距离。当侦听到目标的声波时，可以与系统储存的声波数据库进行比对，识别出不同类型的舰艇和潜艇。主动声呐在实际中更为常用，它会主动发出声音脉冲，然后侦听回声。主动声呐既能探测会发声的目标，也能探测不会发声的目标。像测量海洋深度的声呐就属于主动声呐。

声音的折射

我们常会有这样的经验，有时只见远处天空出现闪电，但却听不到雷声。产生这一现象的一个重要原因是，声音在传播过程中，由于速度的改变使传播路径发生了弯曲，这种现象叫作声音的折射。

如图2-13所示，通常情况下，在地面上方，位置越高，温度越低。这样，声音在空中传播时，在高处传播的速度要小于在低处传播的速度。这就使得从空中高处向地面传来的雷声，在传播过程中由于速度的加快会向上弯曲。而向上弯曲传播的声音，会因传播速度的加快进一步向上弯曲。雷声传播路径的弯曲有时会使得雷声无法传到人耳，从而出现只见闪电、不闻雷声的现象。

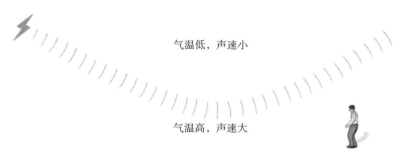

气温低，声速小

气温高，声速大

图2-13 气温不均匀引起声音的折射

与上述现象相反，在两极地区，临近冰冻地面的空气温度很低，无论高处传向低处的声音，还是低处传向高处的声音，其路径都会向下弯曲。

　　不仅空气温度的不均匀会使声音发生折射，风速的不均匀也会使声音发生折射，如图 2-14 所示。在地面附近，风速随高度的上升而加大。这样，声音逆风传播时，在高处传播的速度要小于在低处传播的速度，从而使得声音传播的路径向上弯曲，此时，地面的人较难听到对方传来的声音；相反，声音顺风传播时，在高处传播的速度要大于在低处传播的速度，从而使得声音传播的路径向下弯曲，此时，地面上的人更容易听到对方传来的声音。

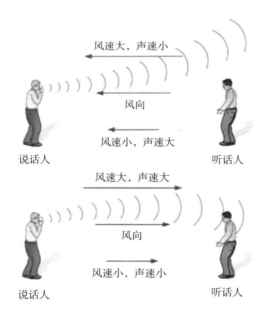

图 2-14　风速不均匀引起声音的折射

声音的吸收

　　练琴房的墙面、地面通常都需要进行特别的设计，如图2-15所示的练琴房中，墙面上贴的是凹凸不平的吸音棉，天花板用的是带有密密麻麻小孔的板材。这种设计是出于怎样的考虑呢？

图2-15　练琴房的四壁用吸音材料制成

　　声音在传播过程中碰到障碍物时，障碍物既会反射声音产生回声，也会吸收声音使回声减弱。实验表明，坚硬、光滑的表面有利于声音的反射，柔软、粗糙或带孔的表面则有利于声音的吸收。练琴房的回声能够使琴声丰富饱满，但回声持续时间过长会降低音乐的清晰度，不易发现细微的差别。为了适当缩短回声的时间，装修练琴房时需要在墙面和天花板上使用一些吸音材料。

　　与练琴房类似，在博物馆、图书馆阅读室、体育馆以及一些专用的实验室等场合，都要对回声加以限制，其墙面、天花板以及地面的材料对声音都须具有较高的吸收能力。

　　许多声学设备的检测和声学实验需要在无声的环境下进行。最大的无声房间是一种被称为电波暗室的实验室（见图 2-16），电波暗室内的六个面均覆盖着特殊的楔形吸音板材，声音传到其上时，会因在缝隙间的多次反射深入板材内部，并被板材吸收，而不会返回到房间中。电波暗室通过这种方法创设了一个良好的无回声空间，很好地用来模拟无障碍开阔场地的环境。

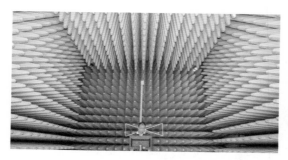 

图 2-16　电波暗室及其吸音原理
（电波暗室也是检测无线电设备的重要场所）

　　潜艇在水下作业时，最重要的是要做到隐蔽，不能被敌方发现。要做到隐蔽，一是潜艇自身的噪声要低，二是对外来声波的吸收能力要强。只有这样，才能防止被敌方的声呐探测到。基于这样的思想，工程技术人员研制了一种称为消声瓦的隐身装备。

　　消声瓦通常由一种内部含有消声空腔的橡胶板块或聚氨酯等材料制成，它敷贴在潜艇的外表（见图 2-17）和某些部位的内表面，既能大幅度吸收敌方主动声呐发出的探测声波，将声能转化

图 2-17　敷贴在潜艇外壳的消声瓦

为内能消耗掉，从而使返回的声波能量大大降低，达到很好的吸声功能；也能吸收艇壳振动的辐射能量，起到隔声、抑振等多种功能，从而有效地降低潜艇自身对外发出的噪声。此外，消声瓦还可改善舰体表面的流体动力特性，减小航行阻力，提高航行速度。

思考　　　　　　　　　　　　　　　?

如图2-18所示，下雪后的环境会显得格外安静，你能解释这一现象吗？

图 2-18　大雪使环境更为安静

混　响

当有人在空空的大房间，尤其是在空旷的大礼堂里说话时，你会听到他的话音并不清晰。这是因为他发出的声音会在房间的四壁、天花板及地面发生反射，产生回声，如图 2-19 所示。这些通过不同路径传播的声音并非同时到达你的耳朵，而是会相隔一段时间，这种原声和回声交混的声学现象叫作混响。

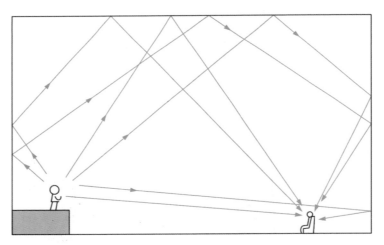

图 2-19　混响的形成

声音在室内传播及反射的过程中，其强度会逐渐衰减。科学上，将声源停止发声后，声音的强度减少 60 分贝（即声音强度减少至原来的 1/1000000）所需要的时间叫作混响时间。混响时间的长短是建筑设计，尤其是大会堂、剧院或音乐厅设计中必须考虑的一个重要因素。混响时间太短，声音会显得干涩、单调；混响时间太长，回声和原声之间又会相互干扰，声音会浑浊不清。因为当你说了一句话停止后，如果余音还要缭绕好长时间，你接着又讲下一句话时，你说的上一句话的回声就会与下一句话的原声相互重叠，那么，听众就难以听清你讲的是什么。只有混响时间合适，声音才会显得圆润、有力。

房间混响时间的长短与房间的大小直接相关，大的房间混响时间较长。混响时间的长短还跟房间内材料对声音的吸收能力有关，相比柔软的表面，坚硬的表面对声音的吸收能力较弱，反射能力较强，混响时间较长。例如北京首都剧场，空旷的时候由于内部材料对声音的反射能力较强，吸收能力较弱，其混响时间为3.3 秒；当坐满观众时，由于观众的服装等材料对声音的吸收能力较强，混响时间只有 1.36 秒。

对于不同的声音，人们要求的混响时间长短不同。例如，观众在听管弦乐队的演奏时，或许需要 2 秒的混响时间；而对于一个小型的合唱节目来说，混响时间就不需要那么长。对戏剧节目而言，为了保证演员演唱的清晰度，它需要较短的混响时间（0.6 ～ 1 秒）；而对于伴奏的乐队，却希望能有较长的混响时间（1.2 ～ 1.4 秒）。对此，一些剧场会根据演出剧目对混响时间进行调节。上海大剧院（见图 2-20）采用了最先进的可变混响设计，在观众厅的侧墙设置了约 300 平方米的电动吸音帘幕。在演出歌剧时，帘幕降下以吸收声波，使厅内混响时间缩短至 1.3 ～ 1.4 秒，确保声音清晰；在演出交响乐时，帘幕收起，使厅内混响时间提

图 2-20　上海大剧院

高至 1.8 ～ 1.9 秒，使交响乐声气势恢宏，力度浑厚。

一些音乐厅的舞台和观众席上空悬挂着一些可以升降的反射板，如图 2-21 所示。这些反射板可以将舞台上发出的声音很好

图 2-21　音乐厅上方的反射板能很好地引导声音的反射

地反射给观众，以产生更好的混响效果。调节舞台上方反射板的倾斜角度，还可以加强舞台上指定区域内乐器音响的反射，使观众获得高质量的音乐体验。反射板也能加强声音从舞台顶部向舞台的反射，使音乐家们能更好地听到他人乐器的音响，改善协同性。

第 3 章

乐音与噪声

你喜欢交响乐吗？那雄浑宽厚的大提琴声、高亢清亮的小号声、如歌如泣的黑管声、跳跃灵动的木琴声……从宽大舞台上飘来的音乐，时而像舒缓流淌的清泉，时而像汹涌咆哮的波涛，时而悠扬如祥云缭绕，时而清脆如珠落玉盘……荡人肺腑，撼人心魄，使人犹如享受了一席豪华的精神盛宴。器乐的声音为什么如此丰富多彩？而生活中的各种噪声为什么如此让人厌烦？

图 3-1　交响乐演奏

乐音的音高

舞台上正在表演男女声二重唱（见图 3-2）。低沉浑厚的男低音和高亢嘹亮的女高音交混在一起，构成优美的和声。

声音的音调与声波的频率和波长有关，频率越大，波长越短，音调越高。古希腊著名学者亚里士多德曾经错误地将声音传播速度与音调建立起联系，认为高音调的声音传播得快，低音调的声音传播得

图 3-2　男女声二重唱

慢。现在我们知道，声速与音调其实并没有什么关系，女声的高音和男声的低音在空气中传播的速度是相同的，只是女声的频率较高，声波更紧密些，如图 3-3 所示。

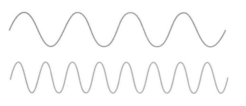

男声声波

女声声波

图 3-3　高低音声波的差异

人发声的频率范围较窄，在 60 赫到 1000 多赫之间，平时正常说话的频率也就是 300 赫左右。

人耳只对适当频率的声音有感应。人能听到的最低频率约为 20 赫，年轻人能听到声音的最高频率约为 20000 赫。年纪越大，能够听到的声音频率范围越窄，尤其是在高频的范围内。70 岁以上的老人，大多听不到高于 8000 赫的声音了。但是，最重要的不是人能够听到声音的频率范围的大小，而是哪个频率范围内的声音对人的听觉最有意义。88 键钢琴可以发出 27 赫到 4186 赫的音符，在这个范围之外，我们很难分辨出音的高低，所有声音听上去都差不多。超过这个范围的高音，听起来就像口哨声。

在乐谱上，我们可以看到有许多音符（见图 3-4）。音符是代表乐音音调高低和长短的符号，每个音符都有自己的音调，我们从小学习的"do、re、mi、fa、sol、la、si"就用来代表不同的音调。音乐家则用 A、B、C、D、E、F、G 等字母来命名音调。你在吉他上弹出一个 A 调的音，它的频率为 440 赫，这就是说，此时吉他发声的弦每秒钟振动 440 次。任何一个音调提高到下一个八度，其频率都将提高到原来的 2 倍。例如，A 调的频率为 440 赫，高

图 3-4　乐谱的音符

八度的 A 调频率将为 880 赫，而低八度的 A 调频率则为 220 赫。

  C 大调音阶的各个音的唱名和频率如表 3-1 所示（以国际标准音 A—440 赫为准）。

表 3-1 C 大调音阶的各个音的唱名和频率

音名	C	D	E	F	G	A	B
唱名	do	re	mi	fa	sol	la	si
频率 / 赫	261.6	293.6	329.6	349.2	392	440	493.8

  物体振动发出的声音音调高低与物体的材料、大小、形状等因素有关。比如，吉他发出的音的高低，与弦的粗细、松紧、振动部分弦的长短等因素有关，如图 3-5 所示。

改变手指按弦的位置，就改变了振动的弦的长度。按的位置越低，振动的弦越短，弦的振动越快，产生的音调越高

粗弦比细弦振动得更慢，产生的音调更低

转动调音弦轴，可以绷紧或放松弦。弦绷得越紧，产生的音调越高

细弦比粗弦振动得更快，产生的音调更高

图 3-5 吉他

与吉他类似，人可以通过改变声带的松紧而发出不同音调的声音。声带的长度在人的一生中会发生改变，幼儿的喉较小而且声带较短，所以发出的声音比较尖锐。因为幼儿时男性和女性的声带长度基本相等，所以他们发出的声音的音调差异不大。一般男孩子长到 13 岁左右时，声带开始变长、变厚，这时，他们的嗓音开始变低。成年男女的声带差异非常明显（见图 3-6），成年女子的声带长度约为 11 毫米，而且比较薄，成年男子的声带长度约为 15 毫米，而且比较厚，所以，成年男子声音的音调通常比成年女子声音的音调低。男低音歌唱家声音的频率可低到 65 赫，女高音歌唱家声音的频率可高达 1180 赫。

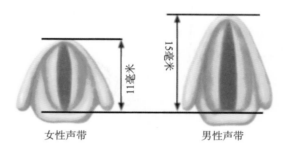

图 3-6　男、女性声带差异

如果你取几个相同的瓶子，在里面装入数量不同的水，当你对着瓶口吹气时，这些瓶子将会发出音调高低不同的声音，装水越多的瓶子发出的声音音调越高，如图 3-7 所示。我们听到的声音是由瓶内空气的振动发出的，空气柱长度越短，空气振动的频率越大，波长越短，音调就越高。在生活中，我们常常会运用这

图 3-7　吹瓶奏乐

一科学原理，例如：当我们往保温瓶内灌水时，会根据声音来判断水是否灌满；音乐家也会通过改变一些乐器中空气振动的空间，来改变其发出声音的音调。单簧管的管身上有一连串的孔（见图 3-8），吹奏者吹奏时用手指按住或放开这些孔，可以增加或减少空气振动的空间。空气振动的空间越小，发出声音的频率越大，音调就越高。

图 3-8　吹奏单簧管

乐音的"色彩"

长笛独奏时常常有钢琴伴奏，如图 3-9 所示。虽然两种声音交混在一起，但我们很容易分辨出哪个是长笛的声音，哪个是钢琴的声音。这是因为，不同乐器发出的声音具有不同的"色彩"，即音质特征，称为音色或音质。那么，各种乐器发出声音的音色是由什么因素决定的呢？

图 3-9　长笛独奏时常有钢琴伴奏

当我们敲击一个音叉时，音叉只发出单一频率的声音，这叫纯音，其波形如图 3-10 所示。但大多数乐器发出某个声音时，并不是单一频率的，而是包含着多种频率。其中频率最低的音叫作基音，音调的高低是由基音的频率决定的。我们说 88 键钢琴发出

的最低音的频率约为 27 赫，最高音的频率约为 4186 赫，指的就是
钢琴发出的这两个音的基音的频率。除了基音，其他频率的音叫作
泛音。泛音和基音存在着倍数的关系。例如，在钢琴上弹奏出中央
C 时，钢琴不但会产生频率约为 262 赫的基音，还会产生频率是基
音 2 倍、3 倍、4 倍、5 倍……的泛音。我们听到的是基音和所有
泛音的混合音。不同的乐器发出同一音符的声音，所包含的泛音数
量不同，或者各个泛音相对强度不同，基音和各个泛音混合音的波
形并不同，如图 3-11（a）、（b）所示。乐器发出声音的音色：从
乐音的构成看，是由泛音的数量、频率、强度共同决定的；从乐器
的构造看，是由乐器的材料、结构等因素共同决定的。

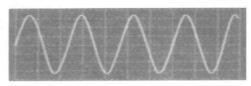

图 3-10　音叉发出的纯音

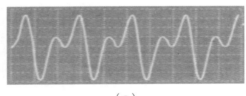

（a）

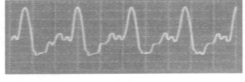

（b）

图 3-11　长笛（a）和钢琴（b）发出同一音符的
声音，波形图不同

当你接到一个电话时，你常常一听声音就知道对方是谁，这是因为每个人声音的音色是不同的，你根据对方的音色做出了准确的判断。世界上没有两个人的身体是完全一样的，人的声带长短、厚薄各不相同，而且其他的发声辅助因素，如胸腔、

咽腔、口腔、鼻腔、头腔以及呼吸、共鸣、咬字等也各不相同，每个人的音色也就各不相同。根据这一原理，人们发明了一种新的身份识别技术——声纹识别。声纹识别是把未知人的语音材料（检材）与已知人的语音材料（样本）分别通过电声转换仪器，绘成声纹图谱，再根据图谱上的语音声学特征进行比较和综合分析，辨认两者是否为同一语音的过程。

目前有的网络公司已在移动服务中应用了声纹识别技术。使用者利用手机麦克风预先录入自己的语音，手机软件或服务器会提取该语音独一无二的特征，建立特征数据库。

图 3-12　手机声纹登录

用户使用时只要输入自己的语音，手机软件或服务器就会将待检语音与数据库中的数据进行比对，当两者匹配时，即能顺利登录（见图 3-12）。

声纹识别技术有着十分广阔的应用前景，可用于金融交易、银行交易、刑侦破案，以及个人计算机、汽车、手机的声控锁等各个方面。例如，在银行自动取款机取款时，若用声纹识别代替传统的密码登录或与之一起使用，可以提高安全性；在作战监听时，根据声纹识别可判断是否有关键人物出现；在侦破电信诈骗、电话勒索等案件时，可以利用一段录音查出嫌疑人或缩小侦查范围。

有人可能会担心自己的声音被他人模仿，虽然高超的声音模仿在一般的人耳听起来可能会极为相似，但用声纹识别技术却会显示出极大的差异，所以，声纹技术具有极高的安全性。

乐器的共鸣箱

小提琴、琵琶、马头琴等许多弦乐器都装有共鸣箱（见图3-13），这样才能使这些乐器发出响度更响、音色更好的乐音。这是为什么呢？

小提琴 　　 琵琶 　　 马头琴

图 3-13　几种带有共鸣箱的乐器

弦乐器的声音是由弦的振动发出的，但弦与空气的接触面积很小，仅靠弦的振动就带动周围空气的振动这种情形是很少的，所以，仅仅由弦的振动所发出的声音是很轻的，音色也不好。当把弦安装在共鸣箱上时，弦的振动带动箱板和箱内空气的振动，同时也带动箱外更多空气的振动，这样能够使弦发出的声音得到加强，声音向外的辐射能力得到提高，同时也使弦发出声音的质量得到改善。

声音的强度分级

你是否现场观看过重大的足球比赛？在足球赛场上，球迷是另一道风景。比赛过程中，球迷们的喊叫声像滔滔波浪一样，此起彼伏，让人震耳欲聋（见图 3-14）。但你是否知道，50000 名球迷在 1.5 小时足球赛中喊叫的声能，只相当于烧热一杯咖啡所需的内能？声波和光波一样都具有能量，但与光波相比，日常生活中的声波能量极其微小。人谈话时声音的功率约为 10^{-5} 瓦，100 万人同时说话，其声音的功率与 10 瓦灯泡的功率相接近。但是，好在我们的耳朵是十分敏感的，它能够对能量极小的声波产生听觉。

声音有大有小，声音的大小与声波的强弱相对应。科学上用单位时间内通过单位面积的声波的能量的多少来描述声波的强

图 3-14　疯狂的球迷

弱。声波的强弱称为声强，单位为瓦 / 米^2。声强与声波的振幅的二次方成正比，响亮的声音意味着介质振动的幅度更大。图 3–15 中（a）、（b）两个声波，（b）的振幅是（a）的 2 倍，则（b）的声强为（a）的 4 倍。人类的耳朵可听到的声强范围很大，从 10^{-12} 瓦 / 米^2（听觉阈）到超过 1 瓦 / 米^2（痛阈）。也就是说，我们可以忍受的最大声强比能够感觉到的最小的声强大一万亿倍。但我们感觉到声音响度的差异远远没有达到这样的倍数。

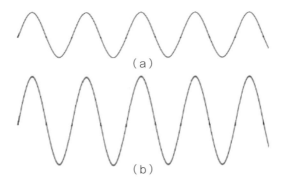

（a）

（b）

图 3–15　振幅不同决定声强不同

有趣的是，人们往往容易对音调的高低和声音的强弱产生错觉，虽然听到两个频率相同的声音，却会以为响亮的声音比轻弱的声音音调更高。

由于人耳能感觉到的声强范围如此之大，所以，人们将声音的强度按因子 10 来分级，并以分贝作为声强级的单位。具体来说，以 10^{-12} 的强度为 0 分贝；10^{-11} 的强度为 10 分贝；10^{-10} 的强度为 20 分贝……即每增加 10 分贝，声强增大 10 倍。虽然 20 分贝的声强是 10 分贝声强的 10 倍，30 分贝的声强是 10 分贝声强的 100 倍，但感受到的响度却只有 2 倍和 3 倍，即人耳对声强的感觉与声强级是"成正比"的，这也是引入声强级来描述声音强弱的主要原因之一。以声强级考虑，声音强度的范围为 0 ～ 180 分贝。正常人耳几乎能听到 0 分贝的微弱声音，人耳的痛阈为 120 分贝。大部分声音在 10 分贝到 80 分贝之间。比如，两个人静静交谈的声音约为 40 分贝，吸尘器发出的声音约为 70 分贝，长时间暴露在超过 100 分贝的环境中，听力将受到永久性损伤，大约在 150 分贝下耳膜可能破裂。

从声强级的意义来看，声音分贝数稍微增大，就意味着声音强度大幅度地升高。人在强噪声环境下的安全时间随着声强级的增大而明显下降。许多科学家认为，声音增加 5 分贝，声音的安全时间将下降一半。例如，90 分贝的声音最长可听时间为 8 小时，则 95 分贝的声音最长可听时间只为 4 小时，100 分贝的声音最长可听的时间为 2 小时。噪声控制是环境保护的重要内容，一些城市居民小区和街道都安装了对环境噪声进行实时监测的设备，如图 3-16 所示。

图 3-16　噪声监测

声音在空气中传播时，其能量会转化为内能而耗散掉。声音能量转化为内能的快慢与声波的频率有关，声音的频率越大（即音调越高），传播过程中转化为内能越快。所以，在空气中，低频率的声音能够比高频率的声音传得更远些。你听过蒙古族的民歌吗？蒙古族的民歌通常都很低沉，这是因为蒙古草原幅员辽阔，低沉的歌声能够传得更远。打雷时，我们听到远方传来的雷声总是比较低沉，而近处传来的霹雳声则会更尖锐，也是同样的道理。船舶在大雾中航行很容易发生相撞的事故，所以，雾航时船舶必须发出低沉的雾号，雾号都是用低沉的声音，因为低沉的声音能够让更远的船只听到。英国大型邮轮"老玛丽女王号"的雾号声，频率为 27 赫，相当于钢琴最低调发出的声音。这种雾号声在 16 千米以外都能听到，用仪器甚至在距离 160 ~ 240 千米的地方还能接收到。

响度是人感觉声音响亮的程度。响度与声强既有联系，又有区别。某个频率的声音声强越强，人听起来就感觉越响，即响度越大。但声强是描述声波客观属性的量，而响度则与人的生理感觉有关。同一个声音，有的人听起来感觉很轻，有的人听起来却感觉很响。即使同一个人，对不同频率的声音感觉的响度也完全不同。从大多数的感觉看，80 分贝、3500 赫声音的响度是 80 分贝、125 赫声音的 2 倍。

手机如何消除噪声

当你在一个嘈杂的环境下用手机给朋友打电话时，你周围的噪声会干扰你朋友听你说话的声音。现在许多手机采用的是双麦降噪技术，即用两个麦克风来降低噪声的干扰。两个麦克风是如何实现手机降噪功能的呢？

具有双麦降噪的手机，其顶部和底部各有一个麦克风（见图 3-17），底部的麦克风用来提供清晰通话，顶部的麦克风则用来消除噪声。消除噪声的原理是：两个麦克风拾取环境的噪声是相同的，手机会把其中一个麦克风拾取的噪声解码生成同步反相补偿信号，两个噪声信号叠加后会相互抵消 85% 左右的噪声，如

图 3-17　手机上的两个麦克风及其功能

图 3-18 所示。但因为送话者的嘴巴与下面麦克风的距离较近，与上面麦克风的距离较远，两个麦克风拾取的说话声有 6 分贝左右的音量差。将这个音量差提取出来，就可以获得消除了噪声的说话声。

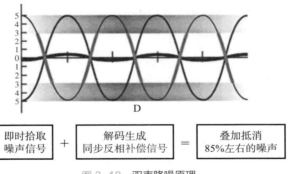

| 即时拾取
噪声信号 | + | 解码生成
同步反相补偿信号 | = | 叠加抵消
85%左右的噪声 |

图 3-18　双麦降噪原理

噪声的利用

噪声对人们的生产和生活带来的不良影响，为人们所厌恶。但事物总是具有两面性的，随着科技的发展，人们也发现了噪声对人类有利的方面，并将其用于造福人类。

噪声除草　科学家发现，不同的植物对不同的噪声敏感程度不一样。根据这个道理，人们研制出了噪声除草器。这种噪声除草器发出的噪声能使杂草的种子提前萌发，这样就可以在作物生长之前用药物除掉杂草，从而保证作物的顺利生长。

噪声诊病 有一种激光听力诊断装置，它由光源、噪声发生器和电脑测试器三部分组成。使用时，先由微型噪声发生器发出微弱短促的噪声，振动人耳的鼓膜，然后微型电脑测试器就会根据回声，把鼓膜功能的数据显示出来，供医生诊断。这种测试动作迅速，不会损伤鼓膜，没有痛感，特别适合儿童使用。此外，还可以用噪声测温法来探测人体的病灶。

噪声发电 韩国研究人员发明了一种"声雷"噪声发电机（见图 3-19），安放在城市街道旁，在有效消除噪声的同时，还可以利用这些噪声来发电，为节能减排做出特殊的贡献。

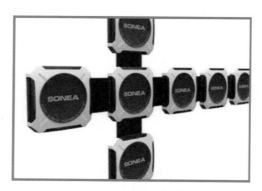

图 3-19 "声雷"噪声发电机

飞机起降时噪声都非常大，设计师为此设计了一款利用噪声提供能源的机场跑道照明灯（见图 3-20）。这款照明灯内部设有专门的装置，用来收集飞机起落产生的噪声，并将其转化成使灯具发光的电能。

图 3-20　利用飞机噪声发电的机场跑道照明灯

噪声测温　美国科学家发明了一种新型的温度计，能够利用金属导体内部自由电子热运动产生的噪声（热噪声）来测量温度。这种温度计不需要外部校准，而且其准确测温范围比其他温度计大得多，因此研究人员认为，这种温度计可能比现在常用的温度计有着更广泛的用途。

第4章

耳和听觉

当你戴着耳机聆听音乐（见图 4-1）的时候，从耳机发出的声音进入了你的耳朵。我们的耳朵就像一个山洞，声音的进入就像一只鸟儿飞入这个山洞，直抵洞底吗？我们的耳朵以怎样的方式迎接外界声音的到来，并做出怎样的反应呢？

图 4-1　聆听音乐

耳的结构与功能

　　如果问你的耳在哪里，你可能会摸摸耳露在外面的部分。其实，这叫耳郭，它只是耳的一小部分。只有耳郭，你是无法听到声音的。耳要具有听声音的功能，应有更为复杂的结构。

　　人耳的结构如图 4-2 所示，根据声音传播的路径，我们可以将人耳大致分为三个部分：外耳、中耳和内耳。外耳的主要功能是汇集声音，中耳的主要功能是向内耳传送声音，内耳的主要功能则是把声音信号转化为电信号，听神经把信号传到大脑皮质的听觉中枢，形成听觉。

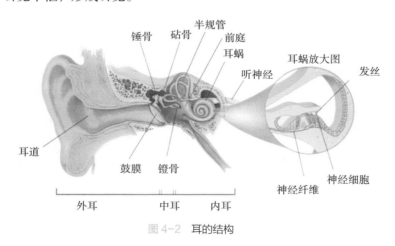

图 4-2　耳的结构

　　外耳　外耳包括耳郭和耳道。当外界的声音传入耳朵时，第一道门户就是耳郭。耳郭的形状像个漏斗，这个形状有利于汇集更多的声音。耳郭将声音汇集之后向狭窄耳道传送，耳道的长度只有 3 厘米左右，其尽头是鼓膜。

中耳 中耳包括鼓膜、鼓室和听小骨。鼓膜处于外耳和内耳的分界面上，它是一层很小的薄膜，由于它像蒙在鼓上的膜，故称为鼓膜。鼓膜宽约 8 毫米、高约 9 毫米，呈椭圆形，中间稍向内凹，具有较好的弹性。声音传到鼓膜上，使鼓膜发生振动。鼓膜是耳朵的一个重要结构，如果因外来声音过大、挖耳屎不慎或中耳炎等原因使鼓膜穿孔，就会造成失聪。儿童的鼓膜薄而有弹性，年龄越大，鼓膜越厚且越僵硬。

鼓室中有三块听小骨，分别称为锤骨、砧骨和镫骨。它们是人体中三块最小的骨。如图 4-3 所示，因锤骨形状像个小锤，砧骨的形状像小小的砧板，镫骨的形状好像马镫（即马鞍两边铁制的脚踏），故得其名。锤骨的一端附在鼓膜上，它会随鼓膜振动而振动；锤骨的另一端与砧骨相连，它的振动会击打砧骨，并由此带动镫骨振动。振动通过三块听小骨，将会扩大约 20 倍。

咽鼓管是中耳与鼻、咽部相通的通道，外界空气通过咽鼓管可直接进入鼓室。咽鼓管平时处于关闭状态，能较好地防止细菌进入鼓室，只有在咳嗽、擤鼻涕、打哈欠或吞咽时，咽鼓管才开放。当外界发生巨响，或气压骤变时，可张大嘴巴使咽鼓管开放，让鼓膜两侧的压力得到平

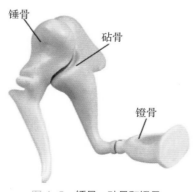

锤骨

砧骨

镫骨

图 4-3 锤骨、砧骨和镫骨

衡。人坐飞机升空时，由于外界气压减小，鼓膜会向外凸出而产生不适的感觉，此时只要做几次吞咽的动作，使咽鼓管得以开放，鼓室内的气压与外界气压获得平衡，即可消除鼓膜的变形。婴儿很容易患中耳炎，这是因为婴儿的咽鼓管未发育完全，又直又短，当鼻、咽部发炎时，病菌很容易通过咽鼓管进入鼓室。

内耳　内耳包括前庭和耳蜗。内耳与中耳之间由前庭膜隔开，前庭膜的后面是耳蜗。耳蜗的形状像蜗牛的壳，里面充满了淋巴液，内壁分布着10000个毛细胞，毛细胞相当于听觉感受器。镫骨的末段紧贴在前庭膜上，前庭膜会将镫骨的振动传入耳蜗的淋巴液中，从而使毛细胞的纤毛来回摆动。与毛细胞相连的对声波敏感的神经细胞会把感受到的振动信号转化为电信号，通过神经纤维传入大脑皮层的听觉中枢，形成听觉。

前庭虽然处于内耳中，但它对听觉的形成并没有任何作用，而是与维持身体的平衡有关。前庭中有一个重要结构称为半规管，它主要由导管及两个充满了液体的小囊组成，其表面排列着如发丝状延伸的细胞，如图4-4所示。头晃动时，半规管里的液体相

图4-4　半规管帮助我们判断身体的倾斜情况，从而使我们的身体保持平衡

对于管壁及囊壁会发生流动。人的大脑会根据液体流动的方向来判断位置的改变，并帮助人保持平衡。如果你在宽敞的地方旋转10来圈后突然停止，常会感觉自己好像还在转，甚至感觉头晕。这是因为当你旋转时，会带动半规管里的液体跟着转。而当你停止转动时，半规管内的液体由于惯性还保持着旋转的状态，所以你的大脑会产生你还在旋转的感觉。当人乘坐的交通工具发生旋转或转弯时，以及人的身体连续旋转后头会晕，都是半规管对旋转感受灵敏之故。

声音的骨传导

你是否从录音机中听过自己的声音？尝试用录音机先录下自己的声音，再将录入的声音播放出来。你会发现，录音机发出的声音跟自己发出的声音明显不同了。这到底是怎么回事呢？

为了解释这一现象，我们不妨先做一个简单的实验：取一根橡皮筋，先用一只手的大拇指和食指撑开橡皮筋，用另一只手的手指弹拨橡皮筋，如图4-5（a）所示；再将橡皮筋的一端用牙咬住，另一端用一只手拉紧，用另一只手的手指弹拨橡皮筋，如图4-5（b）所示。你会发现，第二次听到橡皮筋发出的声音比第一次要响得多。

（a） （b）

图 4-5 气传导和骨传导的比较

上述活动表明，声音传入耳内有两种方式。声音由外耳进入，通过中耳和内耳这样的传导方式，叫作气传导。除了气传导，还可以通过颅骨或颌骨的振动，直接把声音传入内耳，这种传导声音的方式叫作骨传导。上述活动中，橡皮筋第一次发出的声音主要是通过气传导传入耳内的，而第二次主要是通过骨传导传入耳内的。通过骨传导方式，声音能量损失较少，所以听起来更响些。

世界著名的音乐大师贝多芬（见图 4-6）受病毒感染，30 岁时开始失聪，但他坚持继续创作音乐。据说贝多芬是用牙咬住木棍的一端，把木棍的

图 4-6 音乐大师贝多芬

另一端放在钢琴上。钢琴发出的声音会通过木棍传到他的牙齿，然后由颌骨传到他的内耳。

我们听到自己说话或唱歌的声音，来自气传导和骨传导两条途径。与气传导相比，骨传导的声音不但强度更大，而且包含了较多的低音成分。而我们听自己说话的录音，是通过气传导传入耳内的，由于失去了骨传导传入的声音，因此会有失真的感觉。但是，我们听别人的录音却没有失真的感觉，这是因为别人说话的声音，无论是直接听到，还是从录音机中听到，都是通过气传导这一途径传入耳内的。

当你咀嚼薯片时，你会听到很响的咀嚼声，但是别人在你身边咀嚼薯片时，你却感觉咀嚼的声音很轻。如何解释这一现象？

人为什么需要两只耳

从耳的功能看，人只要有一只耳就能够听见声音了，那么，人为什么要长两只耳？你可能会觉得这个问题很可笑，人要是只长一只耳，那该有多么难看。

是的，人要是少了一只耳，就失去了对称的美。但是，人不是只有一张嘴吗？我们也没有觉得它难看，是因为嘴长在脸部正中间吗？那么为什么人不能只长一只耳，也让它长在脸的正中间呢？

看来，进化的结果让人长出两只耳，并且两只耳长在头部最外的两侧，并不只是出于美观的考虑，而是另有奥秘。

你应该有这样的经验：当你听到一个声音，但却难以判断这个声音来自哪个方位时，会不由自主地将头部转动一下，侧着脸听该声音，我们把这样的动作叫作"侧耳倾听"。这样做的依据是什么呢？

如图 4-7 所示，请你的同伴坐在椅子上，闭上眼睛。先将他的一只耳用耳塞堵起来。你站在他的正前方、正后方、左前方、右前方等不同的位置重复多次轻拍双手，让他判断拍手声来自哪个方向。这种情况下，他判断错误的概率会比较大。再将同伴耳中的耳塞取出，然后在不同位置重复多次轻拍双手，让他判断声音来自哪个方向。这种情况下，他判断错误的概率将大大降低。

图 4-7　判断拍手声来自哪个方向

　　这是因为，人有两只耳，两只耳之间的距离约为 20 厘米。当声源不在正前方或正后方时（见图 4-8），由于声源到两只耳的距离不同，从声源发出的声音到达两只耳的时间先后略有不同，两只耳感觉到的声音响度也略有不同。两只耳的协同配合以及和大脑的共同作用，能分辨出千分之几的不同强度声音的差异，并由此辨别出声源的方位。但是，如果只用一只耳，我们只能听到声音，却无法判断声音来自哪个方向。如果用两只耳，但当声源处在正前方或正后方时（见图 4-9），由于声源与两只耳的距离相同，

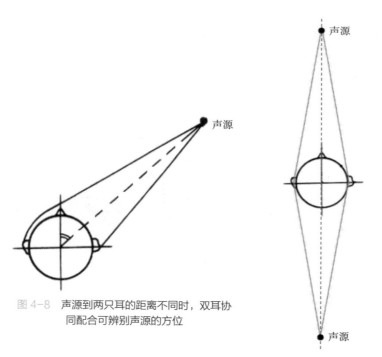

图 4-8　声源到两只耳的距离不同时，双耳协同配合可辨别声源的方位

图 4-9　声源与两只耳距离相同时，很难判断声源方位

声音传到两只耳的时间相同，两只耳听到的声音没有差异，也就无法判断声音来自哪个方向。我们平时难以判断声音来自哪个方向时，采用"侧耳倾听"的方式，目的是拉大声源到两只耳的距离差，这样就容易判断声源的方位了。

由于两只耳与声源的距离不同，会造成两只耳听到声音的强弱、先后等方面有所差异，这种现象叫作双耳效应。人正是利用双耳效应来判断声源的方位的。由于双耳效应，我们听到自然界所发出的声音才具有立体感，故也称为立体声。

当你的两只耳戴上耳机收听音乐时，你能听到非常动听的立体声，不同的声音好像是从不同的方位发出来的一样。这种立体声是怎样获得的？

如果你坐在剧院里欣赏一场演唱会，一个演员在唱歌的同时从舞台的左边走向右边，你左耳听到的声音会变弱，右耳听到的声音会变强。你可以从两只耳听到的声音变化感觉到演员的走动。如果这个过程通过一个话筒录制下来，然后用一个扬声器重放出来。由于你的两只耳听到的声音完全一样，你无法分辨哪个声音是从舞台的哪个方向传过来的，这样的声音就没有立体感。

如果要在舞台上录制立体声，需要使用两个话筒，放在相距不太远的两个位置，分别录下进入左右两个话筒的声音（左声道、右声道），如图4-10所示。播放时同样也使用两个扬声器，放到与两个话筒对应的位置上，分别播放左、右两个话筒接收到的声音。这样，来自左边扬声器的声音先到达左耳，左耳听到该声音要比右耳听到的强。同样，来自右边扬声器的声音先到达右耳，右耳听到该声音要比左耳听到的强。从两只耳觉察的声音的微小

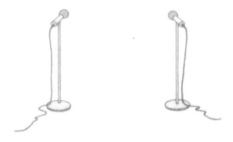

图 4-10　立体声的录制

差异中，我们听出某个声音来自哪个方向，由此产生了立体声的感觉，这就是两声道立体声。如果使用耳机，使左耳只听到左声道的声音，右耳只听到右声道的声音，则声音的立体感会更强。

一些动物的耳

动物界有着多种多样的动物，各种动物有着各式各样的耳。不同的耳存在极大的差异。

为了更有利于发现猎物或天敌，许多动物都长着一对很大的耳，这使它们能够更好地听见外界的声音。从耳和身体长度的比例看，长耳跳鼠的大耳（见图4-11）可算是耳中之王了。长耳跳鼠的身长只有9厘米，但它的耳却有5厘米长，超过了半个身体的长度。

图4-11　长耳跳鼠长着硕大的耳

　　动物界的捕猎高手猫头鹰（见图4-12）的听觉非常灵敏，在黑暗的夜晚，猫头鹰主要靠听觉对猎物进行定位。大部分猫头鹰生有一簇耳羽，形成类似于人的耳郭，猫头鹰脸部还密集生有硬羽组成的凹形，这些都有助于声音的收集。猫头鹰的左右耳不对称，左耳道明显比右耳道宽阔，左耳有很发

图4-12　捕猎高手猫头鹰

达的鼓膜，而且两侧耳孔开口位置高低不同。猫头鹰面盘上的毛能起到隔离声音的作用，使得左耳接收左边的声音较强，右耳接收右边的声音较强。这样不但使猫头鹰的听觉敏锐，而且定位极其准确。

　　马、山羊和猫的两只耳郭可以转动，能朝向不同的方向。为了辨认声音来自何方，它们会不停地转动耳郭，直到声音最清晰

为止。所以，马（见图 4-13）在行走时能够主动地给来自不同方向的汽车让路，也能在作战中躲避枪林弹雨。

绝大多数青蛙的耳都没有耳道，它们的鼓膜是平直地裸露

图 4-13　马的耳郭能朝不同方向转动

在皮肤表面的。但雄性的凹耳蛙（见图 4-14）却有"凹陷的耳道"，它们的鼓膜会凹进去。这样能够更好地保持鼓膜不受损坏，同时也让连接鼓膜和内耳的路径更短，更容易将接收到的声音传至内耳。

一般动物的耳都长在头上，但昆虫的"耳"位置却很出奇。大多数昆虫的"耳"不是真正意义的耳，它没有耳道和鼓膜。例如，蚊子（见图 4-15）的"耳"长在头部伸出的两根触角上，每根触角的第二节里有一个收听声音的器官，能够接收外界的声音，

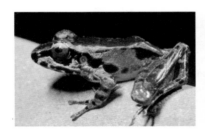

图 4-14　耳膜内凹的凹耳蛙

图 4-15　蚊子的"耳"长在触角上

并传到中枢神经。蚊子飞行时会抖动触角，它们用这种方式倾听周围的声音。

蛇（见图4-16）的头部没有耳，没有耳孔和中耳。所以，蛇听不到通过空气传播的声音。但蛇的内耳很发达，只要地面上稍有动静，声音就会通过紧贴地面的肋骨，再经过头部骨骼

图4-16　蛇通过骨骼传声到内耳

传到内耳，并且迅速地做出反应。蛇常常将舌头伸出，有人说它的舌头是它的耳，其实不然，蛇的舌头是它的嗅觉器官，而不是它的听觉器官。

鱼的内耳藏在头骨中，水的振动将声音信息经由鱼的头骨传递到内耳，再传递到大脑，也就是通过骨传导途径来传递声音。鲤鱼的听觉特别灵敏，外界一有微小的扰动，便能听到，这是因为鲤鱼利用了身体里的鱼鳔，鱼鳔的作用相当于助听器。鲤鱼的内耳和鱼鳔之间有三块小骨头连接着，当水中极为微小的声音透过身体传到鱼鳔时，会产生共鸣而放大，放大了的声音再通过这三块小骨头传到内耳。所以，鲤鱼的听觉比别的鱼更灵敏。

动物耳的多样功能

人耳的主要功能是听声音，但动物的耳却具有其他更为多样的功能。

保护和防御　动物会用耳来保护自身器官及防御天敌。松鼠在林中上蹿下跳时，为了避免树枝、荆棘伤害眼睛，它们会用耳郭来保护眼睛。

散热　耳郭是一些动物很好的散热器，尤其是对一些生活在热带地区的动物而言。在非洲沙漠中的大耳狐和美洲的皮兔，均利用硕大的耳郭将身体的热量散发掉，从而使头部周围保持较低的温度。

平衡　像人内耳中的前庭一样，猫的内耳也有一个平衡结构，使猫从矮墙上跳落时仍能保持平衡。兔子的长耳也可以用来替代短尾巴使身体保持平衡。

定位　猞猁（见图 4-17）利用耳尖上的两撮毛，能判断声音来自哪个方向；蝙蝠的耳内具有定位的结构，使其能够精准地确定猎物和障碍物的位置。

图 4-17　猞猁

听力的丧失和改善

"爷爷，我已经叫您三遍了，您怎么一点反应也没有啊？"爷爷近几年的听力越来越差了，每次和他说话都要大声地在他耳边喊几遍，他才能听见。这种现象就叫作失聪，俗称耳聋。

图 4-18　失聪现象

正常人的耳能够听到像呼吸那么微弱的声音，这种声音的声强级只有 2 ～ 10 分贝。大多数人能够听到的声音的频率范围为 20 ～ 20000 赫。失聪会有不同的表现。从频率上看：失聪者往往会失去收听高音的能力；但有的失聪者不能听到低音；有的则只能听到某一段频率的声音，其他频率的声音都听不到。人为规定失聪的程度是用耳听空气中传导的 1000 赫、2000 赫的纯音来做出判断的。根据世界卫生组织耳失聪级标准，正常人能听到 0 ～ 25 分贝的声音，声音要达到 26 ～ 40 分贝才能听见的为轻度失聪，达到 56 ～ 70 分贝才能听见的为中重度失聪，达到 71 ～ 90 分贝才能听见的为重度失聪，达到 91 分贝以上才能听见的为完全失聪。

引起失聪的原因主要有：

受伤　脑部损伤会导致锤骨、砧骨和镫骨之间失去联系，这样，声音从外耳传入时，就不能通过中耳传入内耳。巨大的声响、潜水过深会导致鼓膜内外产生过大的压力差，从而使鼓膜损坏或穿孔。持续地听响度很大的声音，会使耳蜗内的毛细胞受到损伤，从而无法将声音信息转化为电信号向大脑传输。

感染　长期患中耳炎会导致鼓膜内陷或穿孔，更有甚者会使听小骨链硬化，时间久了耳内毒素会进入内耳，损害听神经细胞。

药物中毒　耳毒性药物如庆大霉素、链霉素、卡那霉素等，也可能产生损伤内耳有关神经等副作用。

身体老化　大多数人年老之后，随着身体的老化，耳蜗中细小的毛细胞觉察信号的功能会越来越差，从而使听力严重下降；有的人因为衰老，鼓膜失去柔软性，听不到低频率的声音；有的老年人则是听不到频率较高的声音。

使用助听器可以改善某些类型的失聪。助听器名目繁多，但所有助听器实际上都是一个小型的半导体扩音器，都包括传声器（话筒）、放大器和受话器（耳机）这三个主要部分。传声器将外界的声信号转变为电信号，放大器把电信号放大，受话器则把电信号转化为声信号。外来声音经过助听器的放大，从而使失聪者听到。目前市场上的助听器分耳背式、盒式和耳道式等几种类型，如图 4-19 所示。不同的听力残疾者要在医生的指导下，根据各自的不同需要，选用合适的助听器。

人如果完全失聪，可以利用耳蜗植入器进行改善。耳蜗植入器也称为人工耳蜗，它是一种电子装置。如图 4-20 所示，戴在耳边的一部分是扩音器，它的作用是收集声音，并将声音转换成电信号传输到发射器。发射器与手术植入头皮下的接收器相连，接

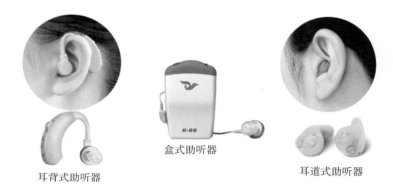

耳背式助听器　　　　盒式助听器　　　　耳道式助听器

图 4-19　各种类型的助听器

收器接收发射器的电信号并传入人工耳蜗。再通过神经系统向大脑传送电信号，由此产生听觉。现在世界各国已把植入人工耳蜗作为治疗重度耳聋及全聋的常规方法。人工耳蜗是目前运用最成功的生物医学工程装置之一。

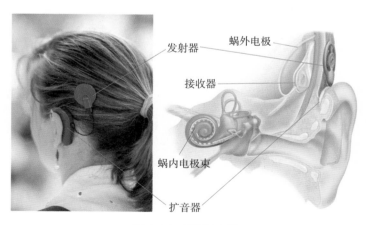

发射器
蜗外电极
接收器
蜗内电极束
扩音器

图 4-20　耳蜗植入器

耳的保护

　　耳是人的五官之一，人听声音和保持平衡都要靠耳。失去听力，将给人带来巨大的不便；失去平衡，人将无法正常生活。为此，我们应当学会保护自己的耳，如图 4-21 所示。

遇到巨大的声响时，要张开嘴巴，捂住双耳

不要用尖锐的硬物去清除耳道内的污物

不要长时间戴耳机听音乐，音量不能调得太大

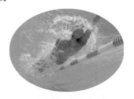

防止水进入耳内，游泳或洗头时若耳进水了，要及时用棉签清理干净

在噪声很大的环境中要戴上护耳器

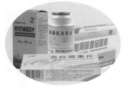

未获得医生许可，不得滥用耳毒性药物

图 4-21　耳的保护

链接

爱耳日

听力障碍严重影响着听障人群的生活、学习和社会交往。为了有效开展康复和预防工作，1998 年，经中国残联、原卫生部、国家药品监督管理局等十部委共同商定，确定每年 3 月 3 日为全国爱耳日。2000 年 3 月 3 日，第一次爱耳日宣传教育活动在全国各地同时开展。2013 年 3 月，世界卫生组织将"中国爱耳日"确定为"国际爱耳日"，这是中国对全球听力残疾预防与康复事业作出的重要贡献。

爱耳日定为每年 3 月 3 日，是因为数字 3 与耳朵的形状类似，因此两个"3"字分别象征左右两只耳朵。

2022 年国际爱耳日的主题是"谨慎用耳，耳聪一生"，2022 年我国爱耳日的主题是"关爱听力健康，聆听精彩未来"（见图 4-22）。

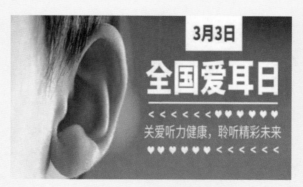

图 4-22　2022 年全国爱耳日宣传画

第 5 章

听不见的声音

　　1948 年，荷兰"乌兰格梅奇号"货船在通过马六甲海峡时，突然遇到海上风暴（见图 5-1）。当救助人员赶到时，发现船上所有人员都莫名其妙地死了。从船上的迹象看，这些船员并非死于雷击或海盗的枪杀，也不是死于饥饿或食物中毒。那么，他们到底是因何而毙命了呢？

图 5-1　海上风暴

自然界中的次声波

人类对次声波的认识源于一个偶然的事件。1932 年，一艘名为"塔依梅尔号"的探险船在北极地区航行。一天，船上有位气象学家要把一个探空气球放送到辽阔海洋的上空。当他无意中把气球贴近自己的脸时，耳内突然感到一阵剧烈的刺痛。奇怪的是，当天夜间海上刮起了强烈的风暴。

这一偶然的现象引起了科学家们的兴趣。白天耳内的刺痛与夜间到来的风暴只是一种巧合，还是存在着某种关联呢？科学家的继续研究最终揭开了谜底：是一种频率小于 20 赫、人类听不见的声波在传递过程中引起气球振动，进而激起空气振荡刺痛了人耳。这种声波是由强风暴产生的，由于声波传播的速度大于风暴移动的速度，所以，声波会先于风暴到达探险船。科学家把这种频率小于 20 赫的声波称为次声波，简称次声。

在自然界，次声波的来源非常广。海上风暴、火山喷发（见图 5-2）、大陨石落地、海啸、电闪雷鸣、波浪击岸、水中旋涡、空中湍流、龙卷风、磁暴、极光、地震等都可能伴有次声波产生。人类活动中，诸如核爆炸、导弹飞行、火炮发射、轮船航行、汽车急驰、高楼和大桥摇晃，甚至像鼓风机、搅拌机、扩音喇叭等在发声的同时也都会产生次声波。许多动物也能够发出次声波和听见次声波，还会利用次声波来交流信息。

低频率的声音可以比高频率的声音传播得更远。低频率的次

图 5-2　火山喷发也会产生次声波

声波在传播过程中衰减得很慢，它能够绕过障碍物传得很远，比一般的声波要传得更远。例如，频率低于 1 赫的次声波，可以传到几千以至上万千米以外的地方。1883 年 8 月，印度尼西亚的克拉卡托火山爆发，当时 20 多立方千米的岩石变成碎块被喷射到空中，由此产生的次声波绕地球 3 圈，全长十多万千米，历时 108 小时。1961 年，苏联在北极圈内新地岛进行核试验激起的次声波绕地球转了 5 圈。大象（见图 5-3）听声的频率范围为 1 ～ 20000 赫，它们能够用次声波交流。大象睡觉醒来时，会

图 5-3　大象利用低频的次声波传送信息

用脚踏击地面产生次声波。这种次声波可以传到50千米以外的地方，被其他大象听到。蓝鲸（见图 5-4）能够利用发出的次声波跟 160 千米以外的同伴交流。

图 5-4　蓝鲸利用次声波与同伴远距离交流

　　次声波对人和动物都具有危害性，强的次声波还会使人耳聋、昏迷、精神失常甚至死亡。前面讲到的"乌兰格梅奇号"货船上船员的莫名之死，其元凶就是由强风暴产生的次声波。虎啸（见图 5-5）是一种令人恐惧的声音，

图 5-5　老虎怒吼

老虎咆哮的同时会发出频率为 18 赫的次声波，这种次声波产生的振动能量可以使人耳关节错位，引起猎物内脏的破坏性振动，导致猎物内分泌紊乱，产生强烈的不适感觉，丧失一定的行动能力。

次声波的应用

  次声波具有很强的穿透能力，可以穿透建筑物、掩蔽所、坦克和潜艇等障碍物。7000 赫的声波用一张纸即可隔挡，而 7 赫的次声波可以穿透十几米厚的钢筋混凝土。次声波传播远、穿透能力强等特点，使之在多个方面得到重要的应用。

  你们家里使用管道天然气吗？我们使用的天然气是从遥远的产地通过管道输送过来的，如图 5-6 所示。天然气、煤气，以及有毒气体等管道气体在输送过程中如果发生泄漏，不但会造成重

图 5-6　天然气管道

大的经济损失，还会造成严重的人员伤亡。工业上有许多检测气体泄漏的技术，其中一种就是利用次声波进行检测，其原理如图 5-7 所示。当高压气体发生泄漏时，泄漏点由于内外压强差

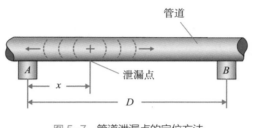

图 5-7　管道泄漏点的定位方法

会产生频率范围较广的音频信号。这些信号沿管道传播时，频率较高的信号衰减得很快，而次声波则会传得很远。采用安装在管道两个检测点的次声波接收器 A、B 接收从泄漏点发出的次声波，根据两个检测点的间距 D、次声波在管道中传播的速度 v、泄漏信号到达两个接收器的时间差 Δt 等数据，可以求出 x，确定泄漏点的位置。

　　次声波还可以用来对灾害进行预报。海上风暴来临之前，海浪与空气摩擦产生 8～13 赫的次声波，人耳无法听到，而水母凭借其特殊的听觉系统可以听到这种声音。科学家仿照水母的听觉系统，发明了"水母耳风暴预测仪"，它由喇叭、共振器、传感器和指示器等组成，如图 5-8 所示。把这种仪器安装在出海的船上，当接收到风暴的次声波时，可做 360° 旋转的喇叭会自行停止

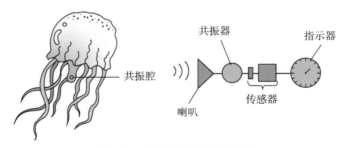

图 5-8　水母和水母耳风暴预测仪

旋转，它所指的方向，就是风暴过来的方向；由指示器上的读数可知风暴的强度。这种预测仪能提前 15 小时对风暴做出预报，对航海和渔业安全都有重要意义。

次声波对人体是有害的。如果次声波的功率很强，人体受其影响后，会出现呕吐、呼吸困难、肌肉痉挛、神经错乱、失去知觉等症状，甚至内脏血管破裂而丧命。由于次声波具有看不见、听不到、传播距离远、穿透力很强等特点，有些国家的军工企业已研制出多种类型的次声武器，如扬声器式次声武器（见图 5-9）、气爆式次声武器、爆弹式次声武器、管式次声武器、频率差拍式次声武器，等等，并已开始进入实用阶段。

图 5-9　扬声器式次声武器

自然界中的超声波

频率高于 20000 赫的声音称为超声，或称超声波。超声波的发现源于科学家对蝙蝠夜晚行为的观察。意大利科学家斯帕拉捷有一个生活习惯，每天晚饭后他总要去附近的街道散步。在夜幕下漫步时，他常常看到蝙蝠在空中灵活地飞行，从不会撞到树上或者墙壁上。这使他感到十分好奇：蝙蝠凭借什么特殊本领能在夜空中自由自在地飞行呢？

斯帕拉捷一开始认为，蝙蝠一定长着一双特别敏锐的眼睛，才使它们在黑夜里能够看清周围的物体。假如蝙蝠的眼睛瞎了，它就不可能在黑夜中灵巧地绕过各种障碍物来捕捉飞蛾了。为此，在一个晴朗的夜晚，他把几只蝙蝠的眼睛蒙上，再把它们放出去。出乎他的意料，这些蝙蝠依然能轻盈敏捷地来回飞行。斯帕拉捷对此十分纳闷：不用眼睛，蝙蝠凭借什么来辨别前方的物体，捕捉灵活的飞蛾呢？

之后，斯帕拉捷又把蝙蝠的鼻子堵住，结果，蝙蝠在空中的飞行仍然没有受到丝毫的影响。"难道它薄膜似的翅膀，不仅能够飞翔，而且能在夜间洞察一切吗？"在这种想法驱动下，斯帕拉捷又捉来几只蝙蝠，用油漆涂满它们的全身，然而还是没有影响它们飞行。

最后，斯帕拉捷把蝙蝠的耳堵住，再把它们放到夜空中。他终于看到蝙蝠没有了先前的神气，它们像无头苍蝇一样在空中东碰西撞，很快就跌落在地。

通过一系列的试验，斯帕拉捷认识到：蝙蝠在夜间飞行，捕捉食物，原来是靠听觉来辨别方向、确认目标的。

斯帕拉捷的试验揭开了蝙蝠飞行之谜，也促使很多人提出进一步的问题：蝙蝠的耳朵怎么能够感知到不会发声的物体呢？

后来，人们通过继续深入的研究终于弄明白：原来，蝙蝠会发出一种人耳听不见的、频率高达 130000 赫的超声波，这种声波沿着直线传播，一碰到猎物或障碍物就反射回来，如图 5-10 所示。蝙蝠用耳接收到这种超声波，就能迅速确定猎物或障碍物的位置。

图 5-10　蝙蝠利用发出和接收超声波确定猎物或障碍物的位置，这使它们能在黑夜中自由地飞行和捕食

　　除了蝙蝠，自然界中还有不少动物也能发出或感知超声波。海豚（见图 5-11）能够发出和感知到频率高达十多万赫的超声波，它们借助超声波相互交流信息、领航和寻找食物。美洲西鲱、青鱼和某些鱼类可以听到高达 180000 赫的声音，利用这个能力，这些鱼可以避免被海豚吃掉。

图 5-11　海豚利用超声波交流信息

超声波的应用

超声波有其特殊的性质，利用这些性质，科技人员开发出许多利用超声波的新技术，使超声波在广泛的领域发挥着极其重要的作用。与次声波的应用相比，超声波的应用更为普遍，与我们日常生活的联系更为密切。

超声波雷达 利用超声波的反射，可以进行测量和定位。例如前面所讲的测量海洋深度的声呐所用的就是超声波技术。再如，汽车倒车雷达（见图 5-12）、超声波导盲杖（见图 5-13）、超声波测速（见图 5-14），都是利用超声波工作的。

图 5-12　倒车雷达
（当汽车倒车时，安装在保险杠上的探头发送超声波，遇到障碍物产生回波信号。传感器接收信号后，经处理计算确定障碍物的距离和位置）

图 5-13　超声波导盲杖

（手杖上方的超声波传感器能发射超声波和接收障碍物反射的回波，经过处理，将障碍物的距离等信息转化为声音信息反馈给使用者）

图 5-14　测速仪测车速

（利用发出的超声波与经汽车反射的超声波之间的关系，测速仪可以自动测出汽车行驶的速度）

超声波诊疗　超声波在医学诊疗方面有着重要的应用，在本书第 2 章中讲到的用声音聚集击碎胆结石，所用的就是超声波。再如，为了保证胎儿的健康发育，孕妇产前必须做多次 B 型超声波（简称 B 超）检查。如图 5-15 所示，做 B 超产检时，医生用一个探头探测孕妇的腹部。探头发出频率约为 2×10^6 赫的超声波，超声仪接收并测量反射回来的超声波。通过分析反射声波的密度

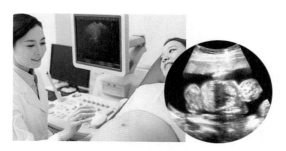

图 5-15　利用 B 超检查胎儿

和频率，显示屏上会出现一幅图像——超声波扫描图，以反映胎儿的发育状况。B 超检查还可用来诊断体内器官和组织是否发生病变，是医疗检查的重要手段，它比 X 射线透视检测更安全。

做 B 超检查时，医生会在探头所在的皮肤处涂一种称为耦合剂的胶。你认为涂这种胶能起什么作用吗？

超声波探伤　高铁的铁轨、输气输液的管道，都是通过焊接连在一起的。如果焊接处存在缺陷，就存在重大的安全隐患。利用超声波可以探测钢工件是否存在缺陷，其原理是：钢工件中如果存在一个缺陷，就会在缺陷和钢材料之间形成一个不同介质之间的交界面。当发射的超声波遇到这个界面时就会发生反射，反射的回波又被探头接收。根据显示屏呈现的波形，可以获知这个缺陷的大小和所在的位置等信息，如图 5-16 所示。

图 5-16 超声波探伤及原理

为什么蝙蝠、超声波雷达、超声波诊疗、超声波探伤，以及声呐都利用超声波？这是因为声音被障碍物反射的反射率与声波的频率密切相关，频率越高，反射率越高，声波能量的损失越少。

超声波清洗　在超声波洗碗机（见图 5-17）中，当超声波经过液体介质时，将以极高的频率压迫液体介质振动，并使液体中急剧产生微小空化气泡并瞬时强烈闭合，产生强烈的微爆炸和冲击波使被清洗物体表面的污物遭到破坏，并从被清洗物体表面脱落下来。虽然每个空化气泡的作用并不大，但每秒钟有上亿个空化气泡在起作用，就具有很好的清洗效果。

图 5-17 超声波洗碗机将人们从烦琐的家务中解放出来

超声波焊接　图 5-18 为超声波金属焊接过程示意图。发生

器将输入的 220 伏交流电转化为高频电流(通常为 20000 ～ 40000
赫)；经由换能器，又被转换成高频机械振动；再经由变幅器，
将机械振动的振幅放大、缩小或保持不变；振动传递给焊头，焊
头将其以水平方向作用于置于焊头和焊座间的被焊接的部件；被
焊接部件在水平摩擦和竖直压力的共同作用下实现焊接。

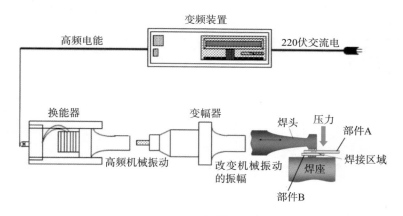

图 5-18　超声波金属焊接过程示意图

　　超声波焊接可用于铜、铝、镍、金、银等非铁金属的焊接，
同种和不同种金属均可焊接。此外，超声波焊接还可用于塑料，
以及金属与塑料的焊接。超声波焊接具有操作简便、安全，不需
要焊剂、气体、辅助焊料等材料，不产生火花、电弧、烟气，焊
接时间短(通常小于 1 秒)，焊接材料无须熔化，不改变金属特性，
对焊接金属表面要求低，无须事先清洗或刮开氧化或电镀层，以
原子的相互扩散为焊接原理，实现了真正的接合，焊接后部件使
用寿命长等优点，是当前最为先进的焊接技术。

第6章

光和影

　　睁开双眼，看看周围，你看到了什么？树木、河流、草地、牛羊……还有父母温暖的笑容。再来想象一下，如果没有光，你还能看到什么？一片漆黑，你什么都看不到。光对我们来说是那么重要，没有光，我们将永远生活在黑暗之中；没有光，植物就不能生长，人和动物将失去食物的来源。哪些物体会发光？光在空间传播会产生怎样的效应？

图 6-1　世界因光而美丽，人和动物的生命因光而存在

生物发光

在电影《少年派的奇幻漂流》中，最富有梦幻意境的画面应是那散发出淡蓝色荧光的夜晚，夜空下不少海洋生物发出迷人的亮光，把海面映衬得像星空一样灿烂。在拍摄电影时，导演也许使用了特效处理，但艺术源于生活，导演能想象并营造出这样的画面，从根本上说还是因为自然界存在着许多会发光的生物。

图6-2　电影《少年派的奇幻漂流》中的一个画面

萤火虫　萤火虫发光（见图6-3）也许是你最熟悉的生物发光现象。夏日的夜晚，飞行中的萤火虫不断发出黄绿色闪烁的光来吸引配偶。萤火虫发出的光是最典型的生物荧光，它是有机体内蛋白质和氧发生化学反应的结果。与木炭燃烧类似，许多化学反应会发热而向外释放能量，但产生生物荧光的化学反应，所释放的能量几乎全是光能。与灯丝发热或木炭燃烧发出的热光不同，荧光被称为冷光。

图 6-3　萤火虫发出荧光

夜光藻　旅游胜地澳大利亚维多利亚州的普吉斯兰湖存在一种奇妙的现象，这个湖白天跟其他湖没什么两样，可到了夜晚，湖水便会发出蓝幽幽的神秘光芒，如图 6-4 所示。科学家通过对湖水进行采样调查发现，原来湖水中生活着一种发光生物——夜光藻，如图 6-5 所示。湖水之所以会在夜晚发光，是因为夜光藻以极高的密度出现在湖中，从而将湖泊变成了夜光湖。

图 6-4　神秘的普吉斯兰湖

深海琵琶鱼　在海洋中，由于海水的吸收，阳光只能射入几十米，所以深海的环境是黑暗的。而生物演

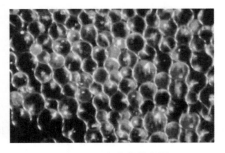

图 6-5　夜光藻放大图

化使许多深海鱼类都具有发光的本领。深海琵琶鱼（见图6-6）是人类已知的最迷人且最奇特的海洋生物之一。深海琵琶鱼的头部上方有一个钓杆状结构，其顶端有一个发光器，内部

图6-6 深海琵琶鱼

充满生物发光细胞，它用发光来求偶或引诱小鱼成为其猎物。

发光水母 发光水母（见图6-7）是水生环境中重要的浮游生物，它没有肌肉和骨骼，身体的98%都是水。它的光是怎么发出来的呢？科学家研究发现，发光动物大都是通过荧光素和氧气经荧光酶的催化作用而发光的，但水母的发光则不同，发光水母的体内有一种叫作埃奎林的神奇的蛋白质，这种蛋白质遇到钙离子就能发出较强的蓝光。

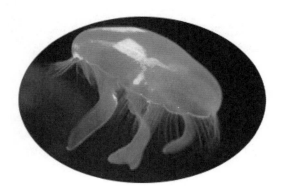

图6-7 发光水母

无影灯下为什么没有影

    小孩在路灯下行走时，常常会对自己影子的变化感兴趣，并用脚踩踏自己的影子。影是光直线传播后产生的效应，由于光遇到障碍物不会转弯绕着"走"，于是就在障碍物的后面留下了影子，如图 6-8 所示。但是，医生在无影灯下做手术时，手的后面却不会产生阴影。无影灯下的物体为什么不会留下影子呢？

图 6-8　美丽的光影

    为了回答以上问题，我们先来学习本影和半影两个概念。

    当很小的光源发出的光投向墙面的途中被障碍物挡住时，障碍物的后面将形成一个阴影区，从而在墙面上投下一个阴影，如

图 6-9 所示。这个阴影完全没有光到达，叫作本影。如果光源变大（见图 6-10），则在障碍物后面形成的阴影区是有层次的。中间完全没有光到达的区域，叫作本影区，投在墙上的阴影就叫作本影；只有部分光源发出的光能到达，而其余部分光源发出的光被挡住的区域，比本影区会亮一些，叫作半影区。

图 6-9　点光源只形成本影

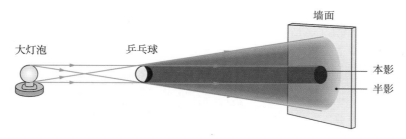

图 6-10　非点光源形成有层次的阴影

　　由图 6-10 可以推知，当光源越大时，本影区将会越小，投在墙上的本影也就越小。如图 6-11（a）、（b）分别是用两个大小不同的光源照射同一个橙子形成两个阴影，两者差异十分明显。

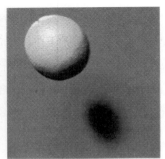

（a）光源较小时　　　　　　　（b）光源较大时

图 6-11　光源大小不同时形成的阴影

　　医院手术台上的无影灯就是本影大小与光源大小关系的重要应用。如图 6-12 所示，无影灯是由多盏灯构成的，这些灯分布在一个较大的区域中。这样，手放在灯与病人身体之间时，所形成的阴影只有半影没有本影，而半影仍是有光到达的。准确地说，无影灯是没有本影的灯。换句话说，手在某些灯下留下的阴影被别的灯照亮了，所以对医生做手术不会造成影响。

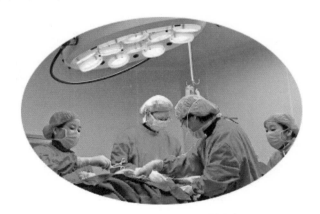

图 6-12　医生在无影灯下做手术

在同一个光源下，同一个障碍物在某个面上投下的阴影的大小，还跟障碍物与该面之间的距离有关。例如，用灯光照放在墙边的花瓶，当花瓶在靠近墙壁的位置时，墙上出现的阴影非常清晰，本影较大，半影很小，如图 6-13（a）所示。因为从光源不同位置射来的光通过物体边缘某处后，到达墙面时不会分得很开。将花瓶移到离墙壁较远的位置，半影变大而本影变小，如图 6-13（b）所示。将花瓶移到更远处，半影变得更大，本影变得更小，阴影变得模糊不清，如图 6-13（c）所示。如果将花瓶移到非常遥远的地方（没有给出照片），墙壁上将不会出现本影，这时所有的半影构成一个大大的、淡淡的、模糊不清的阴影。

（a）　　　　　　　（b）　　　　　　　（c）

图 6-13　花瓶与墙壁距离不同时形成的阴影比较

　　为什么阳光下树木会在地上投下阴影，但我们却看不到空中飞行的飞机在地面上投下的阴影？

月食与日食的成因

　　关于月食和日食，古时候人们会认为这是对寻常秩序的挑战，预示着不该发生的事情发生了。生活在南美洲的古代印加人把月食说成是月亮被美洲豹吃掉了，他们害怕美洲豹吃掉月亮之后，会冲下地面来吃人。为了防止这件事发生，他们会对着月亮挥舞长矛、大喊大叫、把他们的狗打得哀哀叫，试图借此赶走美洲豹，如图 6-14 所示。

图 6-14　传说中古代印加人对月食的恐惧

　　实际上，月食和日食都是太阳光在传播途中被障碍物挡住而形成影所产生的结果。

在太阳系中，地球绕着太阳转，月球绕着地球转。由于地球不透明，地球背向太阳的区域会形成一个本影区和半影区。当地球处于太阳与月球之间发生月食时，月球运行的过程是：进入地球的半影区，出现半影月食（如图6-15中的"1"）——部分进入本影区，出现月偏食（如图6-15中的"2"）——完全进入本影区，出现月全食（如图6-15中的"3"）。然后倒过来进行，月亮逐渐

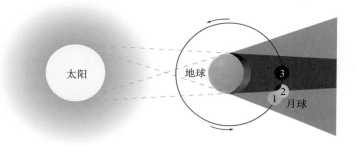

图6-15　月食的成因示意图

复原。发生半影月食时，我们仍能看见月亮，只是亮度比原来暗一些。月全食及月偏食时，月球进入本影的部分并非完全黑暗，而是呈现出古铜色的美丽模样，如图6-16所示（此时

图6-16　月食全程照

月球为什么呈古铜色，详见本书第 9 章）。月偏食时月面阴影部分的边缘是一条弧线，当年亚里士多德就是根据这一现象，提出了"地球是一个球体"的观点。

当月球处于太阳和地球之间，并处于绕地球公转轨道的近地处时，地球上会出现月球的本影和半影。如图 6-17 所示，当地球上某地处于月球的本影区时，该地将出现日全食；当地球上某地处于月球的半影区时，该地将出现日偏食，此时从地球上看到的太阳只有部分是亮的。如果发生日食时，月球在绕地球公转的轨道远地处，月球与地球的距离较大，月球的本影到不了地球，本影的延伸区域被称为月球的伪影区。当地球上某地处于月球的伪影区时，在该地看，月球的视直径略小于太阳，太阳边缘的光球仍然可见，形成环绕在月球阴影周围的亮环，该地区将出现日环食。

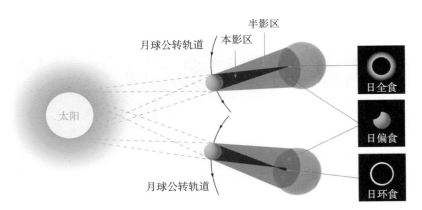

图 6-17　日食的成因示意图

（因为月球绕地球运行的轨道是一个不规则的圆，所以月球与地球间的距离会变化，这使月球有时会完全遮住太阳，有时不会完全遮住太阳）

古人用宗教的观点解释月食和日食，科学则用光的直线传播原理对月食和日食进行解释。科学不但能够清晰地解释月食和日食现象，还能精确地预言在何时何地能够看到月食和日食现象。

思考

为什么月食比日食更常见？

光速的测量

当你进入一个黑暗的房间，打开电灯，灯光瞬间就会充满整个房间。从这一现象看，光的传播似乎是不需要时间的，或者说光具有无穷大的速度。

关于光的传播速度，在科学史上曾经有过不同的观点。古希腊著名学者亚里士多德认为：光传播的速度为无限大，光的传播不需要时间。德国科学家开普勒、法国科学家笛卡儿等人也支持亚里士多德的观点。这种观点与人们的日常经验是相一致的，比如雷雨天气，电闪雷鸣，我们先看到闪电，一段时间后才听到雷声。但是，意大利科学家伽利略则认为，这个现象只能说明声音的传播比光的传播要慢得多，并不能说明光的传播是瞬时的。也就是说，光的传播非常之快，但总是需要时间的。

1607 年，伽利略首先做了测定光速的尝试。他选择在一个黑夜，和助手分别登上相距约为 1.6 千米的两座小山的山顶，如图 6-18 所示。每人手里拿着一盏带有桶罩的手灯，伽利略还带有一个计时器。测量开始时，伽利略首先拿掉手灯上的罩子，同时启动计时器。一束光线从伽利略的手灯发出，传向远方。当伽利略的助手看到对方山头上传来的灯光时，立即拿掉自己手灯上的罩子，手灯上发出的一束光便会向伽利略所在的山头传去。当伽利略看到从助手手灯传来的灯光后，立即关闭计时器。伽利略想通过两个山头间的距离和光往返的时间来计算光速。显然，这个实验以失败而告终，因为光传播得实在太快了，光在两个山头间的来回时间仅为几十万分之一秒，这是人完全觉察不到的。

图 6-18　伽利略测光速实验

虽然伽利略测量光速的尝试失败了，但人们对光速测量的努力并没有因此放弃。那些坚持光速有限观点的科学家分析了失败的原因，并朝着增大光的传播距离和提高时间测量精度两个方向改进实验方案，进行了不断的探索。

　　丹麦天文学家罗麦第一次成功地测量了光的速度，他的观察对象是木星的一颗卫星——木卫一。这个观察对象的选择，使光传播的路程比伽利略测量实验中的路径增加了几亿倍。罗麦的方法如图 6-19 所示，图中表明了地球、木星和木卫一的运行轨道。木卫一绕着木星运转时的周期为 1.8 日，而木卫一进入木星阴影时会发生"月食"。如果光的传播不需要时间，那么从地球上观察木卫一每隔 1.8 日将出现一次"月食"。但罗麦在观察中却发现，

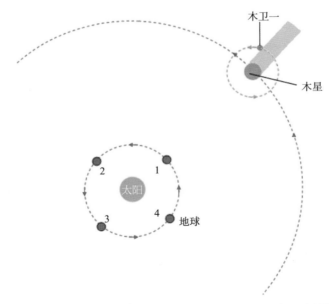

图 6-19　当地球背离木星运动时，木卫一每次出现时发出的光，到达地球经过的距离递增，因为卫星与地球的距离增加了；相反，当地球靠近木星运动时，木卫一每次出现时发出的光，到达地球时经过的距离递减

119

木卫一绕木星一周的时间并不保持恒定，当地球背离木星方向运动（如从图中位置 1 向位置 3 运动）时，木卫一的"月食"周期平均增长 13 秒；而当地球向着木星方向运动（如从图中位置 3 向位置 1 运动）时，木卫一的"月食"周期平均减小 13 秒。地球从位置 1 运动到位置 3，观察到木卫一出现"月食"的时间推迟了 22 分钟。这是不可思议的。为什么一颗卫星的某几次绕行要比另几次绕行花更长的时间，而月球绕地球一周每次却都是 27.3 天？罗麦认为，这些变化根本不是木卫一引起的，而是与地球绕太阳的转动有关。具体地说，这是因为光从木卫一传播到位置 3 比传播到位置 1 多跑了地球公转轨道的直径距离所致。用当时已知的地球公转轨道直径 2.9×10^{11} 米，除以这个时间（22 分钟），罗麦算得光在真空中的传播速度为 2.2×10^8 米 / 秒。这个值虽然与现在准确测得的 3.0×10^8 米 / 秒有不少差距，但考虑到当时落后的测量工具，能获得这个数据已经非常了不起了。更为重要的是，罗麦的测量有力地证明了光的传播速度是有限的。

在罗麦之后，科学家探索光速的步伐并没有停止，1849 年，法国物理学家斐索第一次在地面上更为精确地测出了光速。与罗麦不同，斐索不是增大光传播的距离，而是在提高时间测量的精度上下功夫。斐索测量光速的装置如图 6-20 所示，当具有 720 齿的齿轮固定不动时，光束穿过一个齿间空隙投射到 8.6 千米外的镜子后反射回来，经过同一齿间空隙，穿过半镀银反射镜而进入斐索眼内。实验时，斐索让齿轮的转速慢慢加快，当齿轮到达某一转速时，在不到 1/10000 秒的时间内，通过某一齿隙射向远处反射镜的光，经镜子反射回来后被邻近的齿轮阻挡住，斐索看不

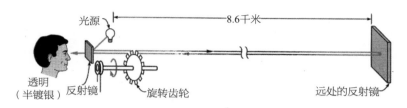

光源

8.6千米

透明
（半镀银）　反射镜　　　　旋转齿轮　　　　　　　　　　远处的反射镜

图6-20　斐索测量光速的装置示意图

到反射的光。可见，光的传播是需要时间的。根据光来回通过的距离 2×8.6 千米和齿轮的转速等数据，斐索计算出光在空气中的传播速度为 $3.13×10^8$ 米 / 秒。

在这之后，许多科学家采用多种方法，继续对光速进行测量。现代公认在真空中的光速的精确数值是 $2.99792461×10^8$ 米 / 秒，通常可用 $3×10^8$ 米 / 秒进行有关计算。

光　尺

测量物体的长度要用刻度尺，那你知道光也能作为测量长度的工具吗？

要测量长度，首先要规定长度的标准，即长度的单位。我们知道，在国际单位制中，长度的主单位是米。米的大小是怎样规定的呢？

1791 年，法国科学家把经过巴黎的地球经线的 1/40000000 定为 1 米（见图 6-21），并以此为标准，用铂和铱的合金制成"米

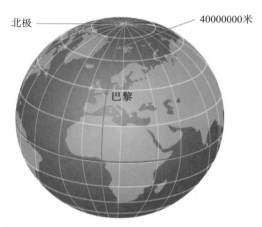

北极 —— 40000000米

巴黎

图 6-21　1791 年对长度单位"米"的规定方法

原器"（见图 6-22），现保存在巴黎的国际计量局里。由于地球的经线难以精确测定，以它为基础的标准尺便不可避免地有较大的

图 6-22　国际米原器

误差，而且米原器天长地久也会发生变形。所以，这一规定很快便不能满足科学技术发展的要求，人们期待着对"米"的大小做出新的、更客观的规定。

到了 20 世纪，科学家们研究出用自然光波来代替米原器，其精度更高。1960 年，在第 11 届国际计量大会上，规定 1 米等于氪-86 元素在真空中所发射的橙色光波波长的 1650763.73 倍。这是一种以光波的波长作为长度计量单位的标准，就是通常所说的"光尺"。由于光速的测量已经非常精确，在 1983 年的世界计量大会上，科学家给"米"下了新的定义——将光在真空中 1/299792458 秒内通过的距离规定为 1 米，这相当于换了一把新的"光尺"。

以光作为标准不但可以用于规定长度单位米，还可以用来表示天文距离。由于浩瀚的宇宙中天体间的距离十分遥远，科学家规定了一个新的长度单位：光年。所谓光年就是光在 1 年时间内（在真空）传播的路程，约 94608 亿千米。北斗七星（见图 6-23）中离我们最远的叫作摇光星，它与地球的距离约为 110 光年。你

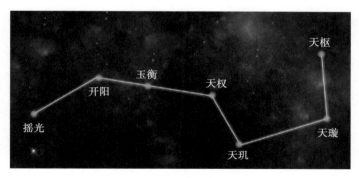

图 6-23　北斗七星

今天晚上看到的摇光星的星光，是你爷爷还没出生时就发出的。你爷爷出生时摇光星发出的光还在路上，要再过几十年之后才能被你看到。

除了用于单位的规定，光还可以直接当作刻度尺测量物体的长度。现在有一种叫作激光测距仪的仪器，只要射出的激光照到某处，就可直接读出该处与仪器所在处之间的距离，如图 6-24 所示。

图 6-24　激光测距仪

链接

利用激光测地月距离

1969 年 7 月，"阿波罗 11 号"的航天员第一次登上月球，在月球上放置了一台由 100 块反射镜组成的反射器。后来，人们又多次把反射器送上月球，其中 1971 年 7 月，"阿波罗 15 号"的航天员放置在月球上的反射器由 300 块反射镜组成，如图 6-25 所示。这样，从地面射向月球的激光会经月球反射器反射回来，如图 6-26 所示。根据光来回传播的时间，可以精确测出地月之间的距离，其误差已经减小到 15 厘米。

图 6-25　放置在月球上的反射器　　图 6-26　从地面射向月球的激光

第7章

光的反射和折射

　　晴朗的夜空，皎洁的月光下，辽阔的海面波光粼粼，仿佛镶嵌了无数颗晶莹的宝石。古今中外，有多少文人墨客，留下描写明月和大海的美丽诗篇。月球本身不会发光，月光是经月球反射的太阳光。大海本身也不会发光，海面的闪亮是它反射的月光。当光从一种介质射到另一种介质的表面时，会有一部分光返回到原来的介质，而另一部分光则进入了另一种介质，这就是光的反射和折射。

图 7-1　月面反射了太阳光，海面反射了月光

哪些物体会反射光

　　如果问哪些物体会反射光，你可能会说：水面会反射光，玻璃的表面会反射光，光亮的金属表面会反射光。虽然你说得不错，但你是否知道，在自然界，几乎所有物体的表面都会反射光？

　　让我们来做一个简单的实验：如图 7-2 所示，站在暗室里的镜子前，右手将一张白纸竖放在自己右脸颊的附近。左手拿着手电筒将光射到自己的左脸颊上，此时从镜中可以看到你的右脸颊是暗的。再用手电筒将光射到纸上，此时从镜中可以看到你的右脸颊是亮的，这是因为白纸将光反射到了你的右脸颊上。

（a） （b）

图 7-2　白纸反射实验

　　在照相馆摄影室里，摄影师常利用反射光来改善照片的拍摄效果。如图 7-3 所示，摄影师给顾客拍照时，由于使用了反光布，被拍摄者脸部的亮度就比较均匀。但如果不放反光布，脸部则会出现阴影。

不用反光布时所拍的照片，脸部有阴影

图 7-3　照相馆摄影室里，摄影师用反光布把光反射到被拍摄者的身体上，以避免出现阴阳脸

费马定理：光的聪明选择

光的反射遵守反射定律，即：反射光线、入射光线与法线同在一个平面内，反射光线与入射光线分居于法线的两侧，反射角等于入射角，如图 7-4 所示。

看着图 7-4，你会赞叹光是何等聪明，因为光反射所选择的路线是如此对称！其实，光的聪明不仅表现为它选择的路线具有对称的美感，更表现为它选择了一条最为快捷的路线。

对于光的传播，包括光的直线传播，以及光的反射和折射等，法国数学家费马于 1657 年根据数学推导，提出了一个以他的名字命名的原理：光在任意介质中从一点传播到另一点时，会沿所需时间最短的路径传播。利用费马原理，我们可以对光的反射定律做出证明。

如图 7-5 所示，从 A 点向界面射出一条光线，这条光线遵守光的反射定律，经 B 点反射后到达 C 点，其路线为 A—B—C。作为

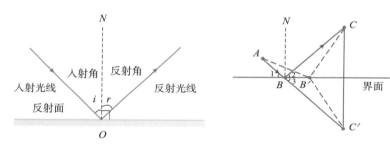

图 7-4　光的反射光路图　　　　图 7-5　用费马原理证明光的反射定律

比较，另任选一条不遵守反射定律的路线（反射点为 B' 点）A—B'—C。以界面为对称面，找到 C 点的对称点 C'，连接 BC'、$B'C'$。根据光的反射定律和图上的几何关系，可知 $\angle 2 = \angle 1$，$\angle 2 = \angle 3$，所以 $\angle 3 = \angle 1$，即 A、B、C' 在同一直线上。因此，由 A 点通过 B 点到达 C' 点的路径最短，也即由 A 点通过 B 点到达 C 点的路径最短。若反射点在 B' 点，则从 A 点经 B' 点反射到达 C 点的路线长度相当于线段 AB' 与 $B'C'$ 的长度之和。而在 $\triangle AB'C'$ 中，边 AB' 与 $B'C'$ 的长度之和要大于 AC' 的长度，所以，光的反射选择的是路线 A—B—C，这是一条最省时的路线。

耐人寻味的是，光为什么会如此聪明地选择一条最省时的路线行进呢？而且它还没试着走一遍，怎么就知道自己选择的路线

最省时呢？这些看似"无中生有"的问题却非常好玩，也让我们感受到科学的无穷乐趣。

交通标志牌的逆反射

夜晚，路旁的交通标志牌在车灯的照射下会显得格外光亮，如图 7-6 所示。正因如此，司机在夜间才能很容易地看清交通标志牌上的标志。你知道为什么公路交通标志在夜间看上去会特

图 7-6　夜晚，交通标志牌在车灯照射下显得格外光亮

别亮吗？

　　光投射到物体表面上时，都会发生反射，但不同的表面对光的反射情况并不一样。光滑的表面会发生镜面反射，如图7-7（a）所示；粗糙的表面会发生漫反射，如图7-7（b）所示。如果无论光从哪个方向照射到物体上后，反射光的方向都能与入射光的方向相反，这种反射就叫作逆反射。具有逆反射特性的材料叫作逆反射材料，亦称反光材料。

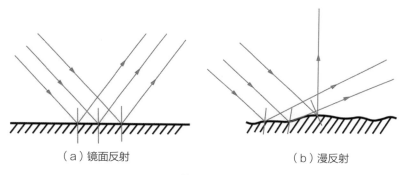

（a）镜面反射　　　　　　　　　　（b）漫反射

图7-7　镜面反射和漫反射

　　逆反射材料有不同的类型，常见的有玻璃微珠逆反射材料和微棱镜逆反射材料。图7-8（a）、（b）分别显示的是光射到玻璃微珠逆反射材料上发生逆反射的两种情形，其中图7-8（a）中，玻璃微珠放在金属反射层上，光穿过透明的玻璃微珠后，再在微珠体后面的凹形金属反射面反射，使光按原来的光路返回；在图7-8（b）中，反光层直接镀在玻璃微珠背面的外壁上。图7-8（c）显示的则是光射到微三棱镜逆反射材料上发生的逆反射过程，这种特殊结构的三棱镜能够使入射光经过几个反射面的反射后，沿

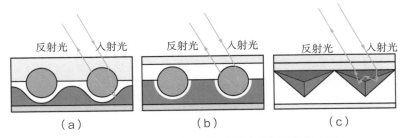

（a） （b） （c）

图7-8 光的逆反射（微珠和微三棱镜外用透明塑料覆盖）

着与入射光相反的方向返回，其原理与自行车尾部的反光板类似。

公路交通标志是由基板和附着其上的反光膜组成的。反光膜是一种逆反射材料。当光线照射到膜上时，会逆着入射光的方向反射回去。这种公路交通标志，白天与普通的标志颜色相同，夜间，当汽车前照灯的光束照射到其上时，就有明亮的光束反射回来，从而使司机清晰地看到标志图案，保证了行车的安全。

另外，有的汽车牌照、护栏标记、广告灯牌，以及交通警察穿的反光背心等也使用了这种反光膜，如图7-9所示。

图7-9 交通警察夜间穿反光背心值勤

光的折射现象的模拟

光从一种介质斜射入另外一种介质时，它的传播路线会发生偏折，这个现象叫作光的折射。光发生折射的原因是光在两种不同介质中传播的速度不同，从而会使光的传播方向发生改变，我们可以用一个简单的实验来模拟。

如图 7-10 所示，用桌布把桌子盖住一半，然后让桌子稍微倾斜，再把有轴的两个车轮（如玩具汽车的轮子）放在桌上滚动。如果车轮的滚动方向和桌布的边缘垂直的话，那么车轮的行进方向不会改变。这如同光线与两种介质的界面垂直，不会产生偏折的状况。如图 7-10（a）所示，如果使车轮的滚动方向跟桌布的边缘成某一角度的偏斜，让车轮从桌面滚上桌布，你将发现：车轮滚动的路径在桌布的边缘处将发生偏折，也就是说在行进速度不同的介质边缘发生偏折。车轮在桌布上滚动的路径折离桌布的边缘，这如同光从空气斜射入水面时发生偏折的状况。反之，如图 7-10（b）所示，如果将桌面较高的一半用桌布盖好，重复

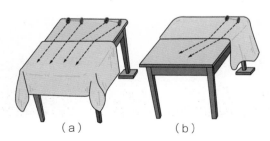

（a）　　　　　　　　（b）

图 7-10　光的折射现象的模拟实验

上述实验，你将发现：车轮滚动的路径在桌布的边缘处也会发生偏折，但车轮在桌面滚动的路径折近桌布的边缘，这如同光从水下斜射入水面时发生偏折的状况。

大气使地球的白昼变长

日出是自然界一道壮观的风景，如图 7-11 所示。它让人们无比兴奋，也让人们产生无限美好的遐想。但你是否知道，当你看到太阳从地平线上冉冉升起时，太阳其实还处于地平线之下？

图 7-11 日出胜景

　　我们知道，光在同一均匀介质中是沿直线传播的。但是，如果介质不均匀，光在其中传播的路径就会变弯。如果在一个玻璃水槽底部铺满冰糖，并向水槽内缓缓注入水，当冰糖在水中慢慢溶解后，再将一束光从水槽侧面斜射入糖水中，会发现光在其中传播的路径是弯的，如图 7-12 所示。这是因为糖水的密度上下不均匀——上方的密度要小于下方的密度。而将糖水搅拌均匀后，原来弯曲的光路将会变直，如图 7-13 所示。

图 7-12　不均匀糖水中的光路

图 7-13　均匀糖水中的光路

　　在地球的外表包裹着厚度超过 1000 千米的大气层。犹如在一个巨大的绒毛堆中，越下部的羽毛会被压得越严实一样，地球大气层的疏密也很不均匀，越低处的大气越稠密，越高处的大气越稀疏。大气约有 50% 集中在海拔 5.6 千米的区域内，约有 90% 集中在海拔 20 千米的区域内，约有 99% 集中在海拔 30 千米的区域内。由于大气层的密度严重不均匀，当光斜射入大气层时，光路会发生弯曲，如图 7-14 所示。这也使得我们在清晨看到的太阳位置比太阳的实际位置来得高，如图 7-15 所示。换句话说，我们看到的并不是太阳本身，而是太阳的虚像。可见，由于大气使太阳

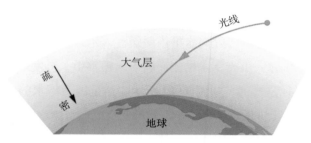

图 7-14　大气的不均匀使光线变弯

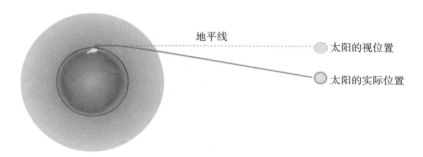

图 7-15　光线在大气中弯曲使白昼变长

光线变弯，从而使得天亮变早。同样，大气也使得天黑变晚，延长了地球白昼的时间。

金星上存在大气的证据

在太阳系中，八大行星绕着太阳运转，金星运转的轨道位于地球运转轨道的内侧，是离地球最近的一颗行星。地球上有大气，金星上是否也有大气？

地球和金星绕太阳运转并非同步，地球、金星和太阳的位置关系比较复杂。只有在某些特殊的时段，这三者才会大致处于一条直线上。这时从地球上可以看到，金星就像一个小黑点［见图 7-16（a）］在太阳表面缓慢移动，天文学界把这一现象称为"金星凌日"。300 多年前，俄国科学家米哈伊尔·罗蒙诺索夫在观察金星凌日现象时发现一个壮美的奇观：金星左上角处于黑暗背景的部分，其边缘出现了一条微亮的弧线［见图 7-16（b）］。罗蒙诺索

（a）　　　　　　　　　（b）

图 7-16　金星凌日现象

夫认为，这个现象说明金星的周围存在着大气层。正是金星周围的大气，使阳光斜射入金星大气时，走了一条弯曲的路径，绕到金星的背后，再加上光在大气中的散射（关于光的散射，详见本书第 9 章），才使金星黑暗地表上方出现一道亮光。金星凌日现象中出现的一条微亮的细弧线，竟然使远在 4000 万千米之外的我们，找到了金星周围存在大气的有力证据。科学真是奇妙！

奇幻的海市蜃楼

在部分地区，当天气炎热时，人们远眺平静无风的海面，有时会看到山峰、船舶、楼阁、集市等景像悬在远方的空中，如图 7-17 所示。对于这种奇异的自然景象，古人由于不懂得科学道理，认为这是海中的蛟龙（即蜃）吐出的气结成的，因而称之为海市蜃楼，或叫蜃景。

图 7-17　海市蜃楼

　　西方神话中常常将蜃景描绘成魔鬼的化身，是死亡和不幸的凶兆。我国古代则把蜃景看成仙境，秦始皇、汉武帝曾率人前往蓬莱寻访仙境，还屡次派人去蓬莱寻求灵丹妙药。实际上，海市蜃楼现象是一种光学幻景，它是由于光线在空气中传播的路径变弯而形成的。

　　在大气层中，空气的分布是上疏下密，气温的正常分布是上低下高。正常情况下，高度每增加 100 米，气温约降低 $0.5 \sim 0.6$℃。但天气炎热时，白昼海水温度比较低，尤其是有冷水流过的海面，水温会更低。这使得海面上方不同高度的空气温度出现反常的差异，下层靠近水面温度较低，上层远离水面温度较高。空气温度的上暖下冷，由于热胀冷缩，使得空气密度原有的上小下大的差异更加显著。这样，当来自远处的山峰、船舶、楼房等的光线从密度大的下层空气射向密度小的上层空气时，就会发生弯曲而射入人眼。由于人的视觉总是感到物来自直线方向，所以，人就会产生远方的景物悬在空中的错觉，如图 7-18 所示。

实际上，人们看到的是远方景物的虚像。像这种出现在实际物体上方的蜃景称为上蜃。

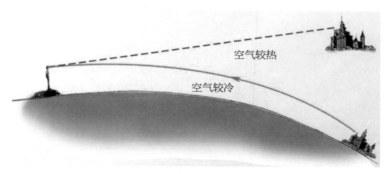

图 7-18　上蜃的成因

当汽车行驶在炎热的道路上时，车里的人常常会看到远处的路面似乎是潮湿的，甚至还能从路面看到上方物体的倒影，如图 7-19（a）所示。但是当车开到那里时，却发现路面是干燥的。其实，这也是一种海市蜃楼现象。因为太阳将路面烤热后，接近路面的空气温度比上层空气的温度高得多，从而使得接近路面空气的密度要比上层空气的密度小得多。不同高度空气密度的明显差异，使得来自远处物体的光线射向地面时会沿着一条曲线的路径射入人眼。逆着射入人眼光线的方向看去，人们就会看到远处物体的倒影，仿佛是从水面反射出来的一样，如图 7-19（b）所示。这种出现在实际物体下方的蜃景称为下蜃。在炎热沙漠里，下蜃现象常会发生。人在沙漠中时常被这种景象所迷惑，以为前方有水源，而当人们朝着"水源"奔去时，"水源"却总是可望而不可即。

（a）公路上的海市蜃楼

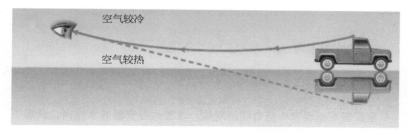

（b）从汽车射来的光向上弯曲进入观察者的眼睛

图 7-19

　　还有一种蜃景称为侧蜃。当竖直表面（如岩壁、墙面）被太阳暴晒，而使水平方向不同区域空气的温度和密度出现明显差异时，由于光在其中传播的路径发生弯曲，就会在物体的侧面出现幻景。

　　海市蜃楼现象通常出现在风力微弱的天气里，不同处的空气间存在的温差能够保持相对稳定。如果风力很大，空气中存在的温差就会被破坏，也就失去产生海市蜃楼的条件。

第 8 章

曲面镜与透镜

你是否使用过显微镜（见图 8-1）？使用普通显微镜时，人眼要先后通过两块镜片去观察细小的对象。靠近人眼的镜片叫作目镜，靠近被观察对象的镜片叫作物镜。底下还有反光镜，反光镜有两面，一面的表面是平的，另一面的表面是弯曲的。两块镜片都属于透镜，弯曲的反光镜属于曲面镜。它们分别跟光的折射和反射有关，是两种完全不同类型的光学器件。

图 8-1　通过显微镜观察

凹面镜

如果先后将一个铮亮的金属调羹的内表面和外表面对着自己，如图 8-2 所示，我们将会看到两个完全不同的自己，而且都是变了形的模样。调羹的内侧和外侧都是曲面镜，它们对光有什么不同的特性呢？

图 8-2　用调羹看自己

我们把像铮亮的金属调羹的内表面一样，表面向内凹进的曲面镜叫作凹面镜。

如图 8-3 所示，规则的凹面镜有一条对称轴，称为凹面镜的主轴。如果一束平行于主轴的光射到凹面镜上，反射后将会聚于主轴

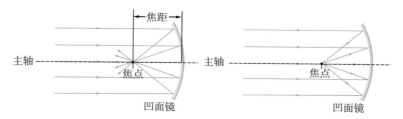

图 8-3　从图中可得两条特殊光线：（1）平行于主轴射到凹面镜的光线，反射后会聚于焦点；（2）从焦点射到凹面镜的光线，反射后平行于主轴射出

上的一点。可见，凹面镜对光有会聚作用。平行光反射后的会聚点称为焦点，焦点到凹面镜顶点的距离称为焦距。根据光路可逆原理可知，从焦点发出的光经凹面镜反射后，将平行于主轴射出。

我们用金属调羹的内表面能够看到自己，这说明物体经凹面镜可以成像。改变调羹与脸部的距离，可以看到像会发生变化。利用两条特殊光线，采用如图 8-4 所示的作图方法，可以得到凹面镜成像的规律：当物距大于 2 倍焦距时，成缩小、倒立的实像，如图 8-4（a）所示；当物距大于焦距但小于 2 倍焦距时，成放大、倒立的实像，如图 8-4（b）所示；当物距小于焦距时，成放大、正立的虚像，如图 8-4（c）所示。

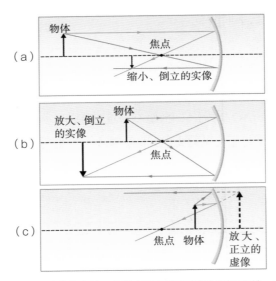

图 8-4　作图时，从物体上的一点发出两条特殊光线射到凹面镜，两条反射光线若能相交则为实像；若不能相交但反向延长线能相交的，则为虚像。物体在主轴上的点，其像也必在主轴上

凹面镜对光的作用和成像规律在生活中有着广泛的应用。

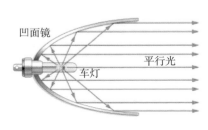

轿车前灯的反射面是一个凹面镜，灯泡放在凹面镜的焦点上时，光线被反射成平行光投射到路的前方

耳科医生戴的凹面镜将灯光会聚，射入病人的耳道内，方便医生对耳道进行检查

碟式太阳能发电系统
（凹面镜可以跟着太阳旋转，将太阳辐射反射会聚在处于焦点的接收器上，加热内部的物质产生蒸汽，再将内能转化为电能）

有的宾馆洗手间里安装着凹面镜，当人的面孔靠近时可以得到放大、正立的虚像

图 8-5 凹面镜在生活中的应用

凸面镜

我们把像铮亮的金属调羹的外表面一样，表面向外凸出的曲面镜称为凸面镜。

如图 8-6 所示，规则的凸面镜有一条对称轴，称为凸面镜的主轴。如果一束平行于主轴的光射到凸面镜上，反射后将发散开来。可见，凸面镜对光有发散作用。如果将反射光线向反向延长，它们将交于一点，这一点称为凸面镜的焦点，焦点到凸面镜顶点的距离称为焦距。与凹面镜有实际光线会聚于焦点不同，凸面镜的焦点处实际上并没有光线会聚，所以称为虚焦点。根据光路可逆原理可知，对着焦点射向凸面镜的光，反射后将平行于主轴射出。

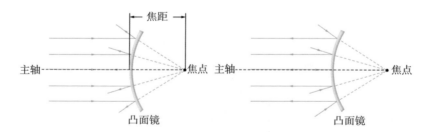

图 8-6　从图中可得两条特殊光线：（1）平行于主轴射到凸面镜的光线，反射后反向延长线过焦点；（2）对着焦点射到凸面镜的光线，反射后平行于主轴射出

物体经凸面镜也可以成像，但所得到的都是缩小、正立的虚像。如果改变物体与凸面镜的距离，虚像的大小和位置会有所不同。利用两条特殊光线，采用如图 8-7 的作图方法，可以得到物

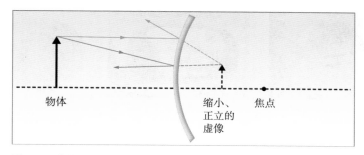

图 8-7　物体上的某一点射向凸面镜的光线，反射后不能相交，所以凸面镜成的像是虚像

体经凸面镜所成的像。

　　虽然凸面镜跟平面镜一样，所成的都是正立的虚像，但口径相同的平面镜和凸面镜相比，人从镜中看到的视野大小却不同。从平面镜中看到的视野较小，而从凸面镜中看到的视野较大，如图 8-8 所示。

图 8-8　平面镜和凸面镜视野大小的比较

　　凸面镜在生活中的应用，主要就是利用从凸面镜中看到的视野较大的特点，如图 8-9 所示。

道路拐弯处或三岔路口安装转弯镜，以防止车辆转弯时发生交通事故

汽车后视镜让司机有宽阔的视野，增强了行车的安全性。其中的小凸面镜照到的范围更大

超市天花板上安装凸面镜，可扩大监视区

图 8-9　凸面镜在生活中的应用

链接

哈哈镜

在一些科技馆中，常常摆着哈哈镜。在哈哈镜前，人们会发现自己完全变了样：有的哈哈镜会使人变得又矮又胖，有的则会使人变得十分瘦长。哈哈镜为什么会使人变形呢？

原来，哈哈镜的镜面不是平的，并且不同的部位弯曲程度并不相同，它能使人的像横向放大、纵向缩小，或纵向放大、横向缩小，或头部放大、身体变小，等等，结果就使人的模样变得很怪，如图 8-10 所示。

图 8-10　哈哈镜让人的模样变得十分怪异

凸透镜

当你透过玻璃窗看外面的景物时，一切看起来都没有什么异样。但是，当你透过表面弯曲的透明体看物体时，物体的形状会发生改变，如图 8-11 所示。用透明物质做成的表面为球面一部分的光学元件叫作透镜。

图 8-11 透过盛水的玻璃杯看到的铅笔

中间厚、边缘薄的透镜称为凸透镜。放大镜、照相机的镜头、老花眼镜、投影仪的镜头等，都是凸透镜。

如图 8-12 所示，凸透镜的对称轴称为主轴，如果一束平行于主轴的光射到凸透镜上，出射后将会聚于主轴上的一点——焦点，焦点到凸透镜中心的距离称为焦距。根据光路可逆原理，从焦点发出的光经凸透镜出射后，将平行于主轴射出。

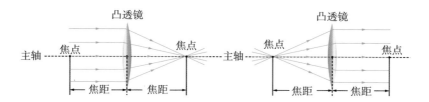

图 8-12 从图中可得两条特殊光线：（1）平行于主轴射到凸透镜的光线，出射后过焦点；（2）从焦点射到凸透镜的光线，出射后平行于主轴射出

　　透过放大镜，你可以看见远近不同的物体，有的是正立的，有的则是倒立的。利用两条特殊光线，采用如图 8-13 的作图方法，可以得到凸透镜成像的规律：当物距大于 2 倍焦距时，成缩小、倒立的实像，如图 8-13（a）所示；当物距大于焦距但小于 2 倍焦距时，成放大、倒立的实像，如图 8-13（b）所示；当物距小于焦距时，成放大、正立的虚像，如图 8-13（c）所示。

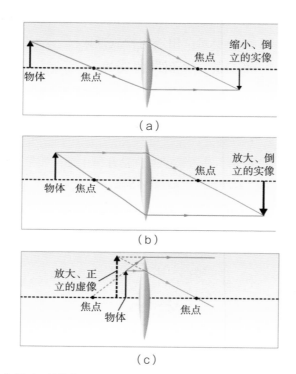

图 8-13　作图时，从物体上的一点发出两条光线射到凸透镜，两条出射光线若能相交则为实像；若不能相交但反向延长线相交的，则为虚像。物体在主轴上的点，其像也必在主轴上

　　用费马原理分析透镜成像的过程，值得玩味。如图 8-14 所示，
A 处的发光点经凸透镜在 B 处成一个实像，这就是说，从 A 点发
出的光通过凸透镜会聚在 B 点。显然，如果没有凸透镜，A 点发
出的光只有直接朝向 B 点才能到达那里。而有了凸透镜，光路就
有了很多的选择。根据费马原理思考，从 A 点到 B 点，光只会选
择最省时的路线，为什么会出现那么多的选择呢？答案非常有趣：
光选择的不同路线所用的时间都一样。因为光在空气中传播的速
度比在凸透镜中传播的速度要大得多，所以，与光从 A 点沿主轴
到达 B 点相比，偏离主轴传播的光，虽然在空气中要多走些路，
但它在凸透镜中行进的路径却要短些。这使得光在空气中多花的
时间，恰好与在凸透镜中少花的时间相等。凸透镜的表面必须磨
制得恰到好处，才能使从 A 点朝不同方向发出的光，通过凸透镜
后都能到达 B 点。这样，凸透镜所成的像才是清晰的。

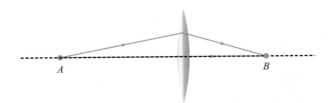

图 8-14　不同光路的等时性

　　自然界也有许多凸透镜（见图 8-15、图 8-16），这些凸透镜
为我们呈现了异常丰富的美丽图案。

图 8-15　水滴相当于一个凸透镜，透过它可以看到后面雏菊缩小、倒立的实像

图 8-16　装水的玻璃杯相当于一个凸透镜，透过它可以看到后面街市缩小、倒立的实像

一滴水也能引起森林火灾

媒体上常有森林火灾（见图 8-17）的报道，你是否知道，有许多森林火灾并非由明火或暗火引起，而是由水引起的？是什么使得水成为引起森林大火的"火种"呢？匈牙利厄特沃什（Eotvos）大学的盖伯·霍瓦斯（Gabor Horvath）博士带领的科研小组通过研究揭示了其中的奥秘。

图 8-17　森林火灾

链接

原来，像贯众、卷柏（见图8-18）等蕨类植物叶子上面都浮着一层蜡状毛。当一滴水落在这些蜡状毛上后，蜡状毛就会将水滴悬浮住，形成一个个小小的凸透镜。火辣辣的太阳照射在水滴上会形成聚焦而将叶面"点燃"。

（a）贯众　　　　　　　　（b）卷柏

图8-18　贯众和卷柏的叶上有一种能将水滴悬浮住的蜡状毛

凹透镜

你或你的同伴有人戴近视眼镜吗？近视眼镜（见图8-19）也是一种透镜，这种透镜中间薄、边缘厚，叫作凹透镜。

图 8-19 高度数近视眼镜

如图 8-20 所示，如果一束平行于主轴的光射到凹透镜上，出射后将发散开来。如果将出射光线向反向延长，它们将会交于一点，这一点称为凹透镜的焦点，焦点到凹透镜的距离称为焦距。与凸透镜有实际光线会聚于焦点不同，凹透镜的焦点实际上并没有光线会聚，所以称为虚焦点。根据光路可逆原理可知，对着凹透镜的焦点射入的光，出射后将与主轴平行。

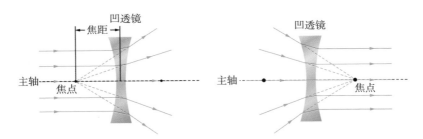

图 8-20 从图中可得两条特殊光线：（1）平行于主轴射到凹透镜的光线，出射后反向延长线过焦点；（2）对着焦点入射的光线，出射后平行于主轴射出

物体经凹透镜也可以成像，但所得到的都是缩小、正立的虚像。如果改变物体与凹透镜的距离，虚像的大小和位置会有所不同。利用两条特殊光线，采用如图 8-21 所示的作图方法，可以得到物体经凹透镜所成的像。

除了近视眼镜，在许多情况下，凹透镜是和其他光学元件组合使用的。例如，有些家庭为了保证安全，所用的房门上安装有

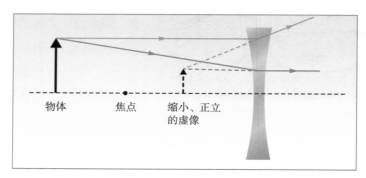

图 8-21　物体上的某一点射向凹透镜的光线，出射后不能相交，所以凹透镜成的像是虚像

如图 8-22 所示的门镜，俗称"猫眼"。门镜的光路图如图 8-23 所示，其中有一个凹透镜和一个凸透镜。门外的景物 AB 先经凹透镜成一个缩小、正立的虚像 A_1B_1。由于这个像处于凸透镜的焦点之内，所以，它会通过凸透镜再次成像，人通过凸透镜就可看到一个放大（相对于虚像 A_1B_1）、正立的虚像 A_2B_2。

图 8-22　门镜及从门镜中看到的影像

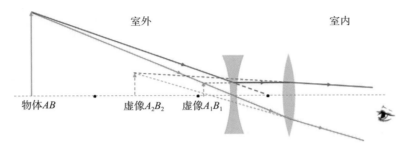

图 8-23　门镜成像光路图
（室外物体 AB 经凹透镜成虚像 A_1B_1，再经凸透镜成虚像 A_2B_2）

思考

？

　　在游泳池的底部常会出现明亮和黑暗区域变幻的图像，如图 8-24 所示。你能对这一现象做出解释吗？

图 8-24　游泳池底部的图像及其成因

第 9 章

五彩缤纷的世界

　　蓝天，白云，青山，绿水，以及那烈焰般的红叶，五彩缤纷的自然界让我们着迷，让我们陶醉，也让古今中外的文人墨客为之写下数不尽的美丽诗篇。你知道是谁使用了神笔让大自然色彩斑斓吗？

图 9-1　五彩缤纷的自然界

牛顿对光的颜色的研究

　　牛顿这个名字你一定不会陌生，他是英国著名的物理学家。一提起牛顿，人们就会想起他所发现的著名的运动三大定律和万有引力定律。但牛顿最初成名并非因为发现运动定律，而是缘于他对光学的研究成果。

　　人类生活在色彩斑斓的世界之中，嫩绿的树叶，艳丽的鲜花，五彩缤纷的蝴蝶在娇艳的花丛中翩翩起舞……人们还可以从横跨天穹的彩虹、肥皂泡和油膜上呈现的美丽色彩中，感受到自然界中光的多种颜色。对于光的颜色，古希腊学者亚里士多德认为：白光是纯净的、没有颜色的光，而其他各种颜色的光是白与黑、光明与黑暗按不同比例混合的结果。牛顿的老师伊萨克·巴罗则认为：光的不同颜色是由白光聚散的程度决定的。浓缩、聚集程度最高的就成了红色，稀释、分散程度最高的就成了紫色。但学术权威和老师的观点并没有成为牛顿思维的羁绊。

　　牛顿用望远镜观察天体时，发现天体图像的边缘呈彩色模糊状。为此，牛顿着手研究光的颜色理论。1666 年，牛顿做了这样一个实验，如图 9-2 所示：他在一个封闭严实、没有光源的房间里，通过护窗板上开的一个小孔，让适量的日光射进来。他把三棱镜放在光的入口处，当光通过三棱镜折射后射到对面的墙上时，呈现的是红、橙、黄、绿、蓝、靛、紫七种颜色。这种将白光分解成各种不同色光的现象，称为光的色散现象。白光的色散现象

图 9-2　牛顿发现光的色散现象

可以用图 9-3 来反映。

　　牛顿由实验现象得出，白光透过三棱镜后之所以呈现出红、橙、黄、绿、蓝、靛、紫等颜色，是因为白光本来就是由这七种颜色组成的，各种色光的成分比白光更简单。

　　在生活中我们看到，一块白布很容易染成别的颜色，而其他颜色的布却

图 9-3　白光色散示意图

难以染成白色。由此我们会认为白色是最简单的颜色。但白光的色散现象却告诉我们，白光比其他色光更为复杂。科学常常是反直觉的！

现在科学家已经弄清楚了，光是一种频率（或波长）在一定范围内的电磁波，光的不同颜色是与光的频率（或波长）相关的。红光的频率约为 $4.3 \times 10^{14} \sim 4.8 \times 10^{14}$ 赫，紫光的频率约为 $6.7 \times 10^{14} \sim 7.5 \times 10^{14}$ 赫。越靠红光一端，光的频率越小，波长越长；越靠紫光一端，光的频率越大，波长越短。

牛顿的太阳光色散实验实际上得出了太阳光的光谱。太阳光谱是太阳光色散之后，按波长（或频率）大小依次连续分布着各种颜色的图案。在光谱中，不同颜色在分界处是渐变的。按照惯例，人们将这些颜色大致分为红、橙、黄、绿、蓝、靛、紫七种（也存在稍有不同的分法，如红、橙、黄、绿、青、蓝、紫）。它们的频率和波长的大致范围如图9-4所示。

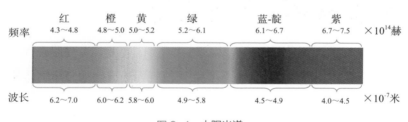

图9-4　太阳光谱

发光物体的颜色

　　节日的夜晚，华灯四起，五颜六色的灯光把城市的街道照得犹如白昼。市民广场上烂漫灵动的音乐喷泉，像绽开的花朵争奇斗艳，红的、蓝的、黄的、绿的，几种颜色混在一起，让人目不暇接、眼花缭乱。

图 9-5　绚丽缤纷的节日夜晚

　　人对物体颜色的感觉称为色觉，它是人的视觉器官对光的感应在大脑中产生的一种反映。人对物体产生什么色觉，决定因素是多方面的。

　　对物体产生什么色觉，首先跟观察者本身有关。如果观察者患有色盲症，他就无法准确地分辨物体的颜色。

　　本身会发光的物体，其颜色就是所发出的光的颜色，它与构成发光体的物质有关。如果在酒精灯上燃烧食盐（主要成分为氯化钠），食盐中的金属元素钠会因灼烧而放出黄色的光，如图 9-6 所示。许多金属元素在无色火焰中都会使火焰呈现出独特的颜色，不同元素的焰色各不相同，锶元素的焰色为洋红色，铜元素的焰色为蓝绿色，钠元素的焰色为黄色，钾元素的焰色为紫色，钙元素的焰色为砖红色。节日夜晚天空燃放的烟花呈现出五颜六色，如图9-7所示，就是因为在烟花燃料中掺入了不同金属（或金属化合物）所产生的焰色。

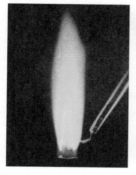 

图9-6 钠灼烧时
会放出黄光

图9-7 焰火的不同颜色是不同的金属产生的焰色

又如，城市夜晚街道上的色彩斑斓的霓虹灯（见图9-8）是靠充入灯管内的低压稀有气体，在高电压作用下产生辉光放电而发光的。霓虹灯内充入的气体不同，发出的光的颜色也就不同。氖气能发出红光，氩气能发出蓝紫光，氙气能发出白光，氦气能发出橘红光，氪气能发出黄绿光。

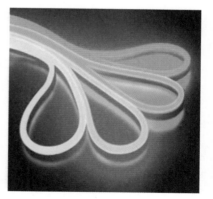

图9-8 霓虹灯

本身会发光的物体的颜色还跟物体的温度有关。给电热丝通电，当电流大小不同、灯丝温度不同时，由于灯丝发出的光的成分以及各个成分的强度不同，呈现的颜色也不同，如图 9-9 所示。

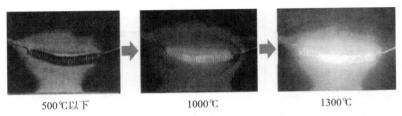

| 500℃以下 | 1000℃ | 1300℃ |

图 9-9　电热丝在不同温度下的颜色

不发光物体的颜色

本身不发光的物体，其颜色是由物体对照射它的光的吸收、反射、透射等因素决定的。我们说某物体是什么颜色，通常是指在日光下呈现的颜色。如果没有光照射在物体上，例如在伸手不见五指的夜晚，我们根本看不见身边的物体，更谈不上辨认它们的颜色。如果光照很暗，例如在微弱的月光下，我们虽然能够分辨出一些物体的形状，却看不出这些物体的颜色。

对于不透明的物体，当光照射其上时，总有一部分光被吸收，一部分光被反射。白色、灰色和黑色的物体对不同颜色的光的吸收并不具有选择性，反射光的成分与入射光的成分相同，所不同的是吸收或反射光的比例：白色物体能反射 75% 以上的光，黑色物体只能反射 10% 以下的光，灰色物体反射的光介于 10% 与 75% 之间。自然界中大多数物体对不同颜色的光的吸收是有选择性的。对某些颜色的光吸收能力强些，对另一些颜色的光吸收能力弱些。如果白光（复色光）照射到某物体上，红光大部分被它反射，而其他颜色的光大部分被它吸收，则该物体看上去就是红色的。

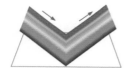
白色：各种色光
大部分都被反射

黑色：各种色光
大部分都被吸收

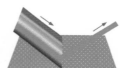
红色：红光大部分被反射，
其他色光大部分被吸收

图 9-10　不透明物体的颜色是由反射光的颜色决定的

雪对光的反射率极高，它把照在其上的 95% 左右的阳光都反射回来，直视雪地犹如直视阳光。较长时间用裸眼看雪，容易产生雪盲症。因此，滑雪者需要佩戴滑雪镜（见图 9-11），以避免强烈的太阳反射光对眼睛造成伤害。

图 9-11　滑雪时应正确佩戴滑雪镜

大部分相机的颜色都是黑色的，尤其是一些专业相机，外表也是一片漆黑，如图9-12所示。这是因为黑色的机身不容易反射光，尤其是微距摄影时，有色彩的机身会把色光反射到被摄物体上，对拍摄造成不良的影响。

图9-12　专业相机

思考 ❓

如图9-13（a）、（b）、（c）所示，一个球分别用白光、红光、绿光照射，你能对球在三种光照情况下所呈现的不同颜色做出解释吗？

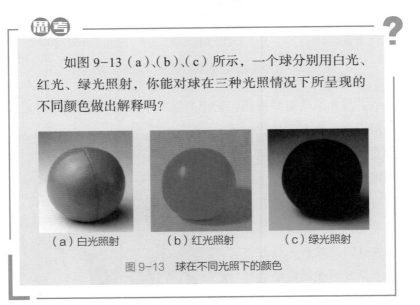

（a）白光照射　　　（b）红光照射　　　（c）绿光照射

图9-13　球在不同光照下的颜色

在许多情形中，物体在白光照射下并不只是反射其中的一种色光，而是反射几种色光。例如大多数黄色花朵的花瓣，如黄色水仙花（见图9-14），能够反射红光、绿光和黄光。物体的颜色是由反射的几种色光的颜色共同决定的，即为几种反射光合成的颜色。

图9-14　水仙花

由于一个物体可能只是反射了照明光中某些频率的光，因此，物体的外表色彩依赖于照明光的类型。例如，白炽灯发出的低频率的光更多，在这种灯光下有红色被增强的效果。荧光灯发出的高频率的光更多，在荧光灯下蓝色得到增强。通常我们定义物体的"真实"色彩是它在日光下的颜色。所以，当你购买服装时，你在人工光源下看到的颜色可能与它真实的颜色并不相同。

对于透明的物体，当光照射在上面时，总有一部分光透过物体，一部分光被物体吸收。无色透明物体对不同颜色的光的吸收不具有选择性，透射光的成分与入射光相同。有色透明物体对光的吸收是有选择性的，有色玻璃常常含有色素或颜料细颗粒，不同的色素对不同颜色光的吸收能力和传导能力不同。某种色素对有些颜色的光吸收能力强些，对另一些颜色的光传导能力强些。如图9-15所示的生活情景可以很好地反映彩色透明体透光的选择性，同时也反映了透明体的颜色是由透过的光的颜色决定的。

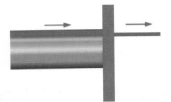

蓝色透明体让大部分蓝光透过

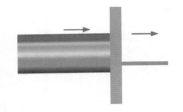

红色透明体让大部分红光透过

图 9-15　透明物体透光的选择性

当白光照射在透明物体上时，蓝色透明体能够让大部分蓝光透过，而其他颜色的光大部分都被吸收了；红色透明体能够让大部分红光透过，而其他颜色光大部分都被吸收了。

连接

脉搏血氧饱和度监测

人体血液中的含氧量与人的健康关系密切，它可用脉搏血氧饱和度监测仪进行监测。

血液的颜色与血液的含氧量有关，含氧量越高，血液越鲜红，而不同颜色的血液对光的吸收能力也不同。脉搏血氧饱和度监测仪就是利用这一原理工作的。

如图9-16所示，脉搏血氧饱和度监测仪有一个小探头，测试时，把这个小探头夹在病人的手指（或耳垂）上，探头上壁固定的两个发光二极管会分别发出波长为660纳米的红光和波长为940纳米的红外光，下壁有一个光电管将透过手指动脉血管的红光和红外光转换成电信号。所检测到的光电信号越弱，表示光穿透探测部位时，探头发出的光被血液吸收得越多。由此可以间接反映血液中氧合血红蛋白和血红蛋白的比例关系，这种比例关系被称为血氧饱和度。

图9-16 脉搏血氧饱和度监测仪

光的三原色

　　从太阳光的色散现象可知，白色的太阳光其实是由红、橙、黄、绿、蓝、靛、紫等多种色光合成的。德国物理学家亥姆霍兹在 1855 年发现，由红、绿、蓝三种色光可以合成白色的光。如果将强度相同的红、绿、蓝三种色光照射到一张白纸上，其交汇部分会呈现如图 9-17 所示的不同颜色：红光和蓝光混合，可以得到品红色；蓝光和绿光混合，可以得到青色；红光和绿光混合，可以得到黄色；红、蓝、绿三种色光相混合，可以得到白色。将强度不同的红、绿、蓝三种色光相混合，可以得到其他各种不同的颜色。我们将红、绿、蓝三种色光称为光的三原色或三基色（RGB）。人们之所以选取红、绿、蓝作为光的三原色，是因为人

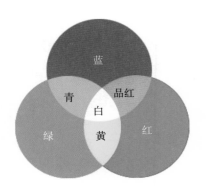

图 9-17　光的三原色

［虽然太阳光（白色）是由七种颜色的光混合而成的，但只要红、绿、蓝三种色光混合，也可以得到白色的光］

眼中有三种色觉细胞，它们对外界射入的任意波长的光分别做出强度不同的红、绿、蓝三种感应。再者，由红、绿、蓝三种色光组合得到的颜色色域也较广。

值得指出的是，由三原色的光合成的结果与太阳光经三棱镜的色散得到的色光并不相同。例如，图 9-17 中所示的黄色跟太阳光经三棱镜色散得到的黄光并不相同。这里呈现的黄色是红光和绿光叠加的结果，是复色光；而太阳光经三棱镜色散得到的黄光是单色光。只不过红光和绿光相叠加后，人对其产生的色觉与单一的黄光一样，都是黄色的。

由于三原色的光能够合成各种各样颜色的光，这给我们获得所需要的各种颜色带来了极大的便利。例如，在舞台上，我们只要用红、蓝、绿三束灯光进行合成，便能为舞台营造丰富的色彩。又如，彩色电视机（见图 9-18）和电脑的屏幕上有大量的像素点，每一个像素点都能呈现红、绿、蓝三种颜色。这三种颜色按不同的比例进行组合，能使电视机和电脑屏幕生成与自然界各种颜色相一致的色彩丰富的图像。

图 9-18　彩色电视机

从图 9-17 还可以看到，由于红、绿、蓝三种颜色的光可以合成为白色，而红、绿两种颜色的光可以合成为黄色，所以，黄色和蓝色的光可以合成为白色。我们将合成后能形成白色的任何两种颜色叫作互补色。可见，黄色和蓝色、青色和红色、品红色和绿色，都是互补色。根据互补色的原理，当白光照射到某个物体上时，如果该物体吸收了某种颜色，则该物体显示的将是这种颜色的互补色。

思考 ❓

如图 9-19 所示，当用强度相同的红色、绿色和蓝色的灯光朝不同的方向照射时，高尔夫球显示白色。为什么球的三个阴影呈现三种不同的颜色？

图 9-19 高尔夫球的阴影

颜料的三原色

一张彩色图片中包含着非常丰富的色彩,如果要用彩色打印机打印这张图片,打印机是否需要配备那么多种颜色的颜料呢?

和一般的不发光的物体一样,当光照射在颜料上时,颜料既会吸收光,也会反射光。颜料呈现什么颜色跟颜料吸收什么颜色的光直接相关。根据互补色理论,在白光照射下:如果某种颜料吸收了红光,它就会呈现红色的互补色——青色;如果某种颜料吸收了绿光,它就会呈现绿色的互补色——品红色;如果某种颜料吸收了蓝光,它就会呈现蓝色的互补色——黄色。据此,人们把光的三原色红、绿、蓝的互补色青、品红、黄称为颜料的三原色或三基色(CMY),如图 9-20 所示。

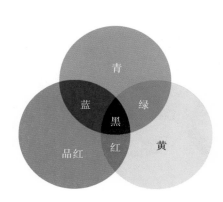

图 9-20　颜料的三原色

将三原色颜料进行混合也可以产生各种颜色。如果把等量的黄色与青色的颜料相混合,因为黄色颜料会吸收蓝光,青色颜料会吸收红光,蓝光和红光混合后的颜色是品红,而品红的补色是绿色,所以混合后的颜色是绿色。根据这一道理,等量的三原色颜料混合的结果是:

黄色＋青色＝绿色

黄色＋品红色＝红色

青色＋品红色＝蓝色

黄色＋青色＋品红色＝黑色

如果三原色颜料不等量，混合之后可以产生其他各种不同的颜色。

颜料三原色在彩色印刷工艺上有着重要的应用。在印刷彩色图片时，我们使用了青色、黄色和品红色三种颜色的油墨，有时也用黑油墨制作较暗的图片，这样的印刷工艺称为四色印刷（CMYK）。如果你用高倍数放大镜把彩色图片的局部放大，你将发现，粗看上去连续的图像是由大量青色、黄色、品红色和黑色的小颗粒构成的，如图 9-21 所示。

图 9-21　四色印刷使用了颜料的三原色和黑色

彩色激光打印机采用的是四色印刷工艺，它有四个墨粉盒（见图9-22），分别装着黄、品红、青、黑四种颜色的墨粉。打印时要进行四个循环，每个循环处理一种颜色。多数彩色打印机处理四个循环的方法是：处理完一种色彩，墨粉就吸附在硒鼓上，再处理下一种色彩，最后一次性转印到打印纸上。

图9-22　彩色打印机有四个墨粉盒

如今的彩色激光打印机不但可以控制墨粉的有无和多少，而且可以控制着色点的大小和浓淡。在一个点上施加墨粉的多少由激光在该点照射时间的长短决定。工作时，在同一位置可以加不同颜色的墨粉，最后固化时熔融在一起，形成所需的色彩。例如要打印一个绿色的点，可以在一个黄色的点上再加入一些青色的墨粉，最后固着时，两种颜色的墨粉同时熔融，混合在一起。如图9-23（a）、（b）、（c）、（d）分别是用青色、品红色、黄色、黑色颜料打印的图片，四个不同色版叠合，才产生出图片正确的颜色，如图9-23（e）所示。

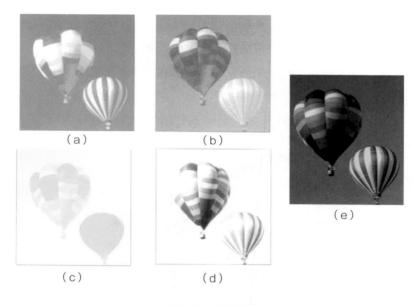

图 9-23　四色印刷

　　你可能会问，只要用青色、品红色和黄色三种颜料即可调配出各种颜色，为什么还要配备黑色颜料呢？这是因为三原色颜料中总存在一些杂质，它们对光的吸收和反射都不能达到理想的状态。这使得等量的三原色颜料混合得到的黑色会失真。而加了黑色颜料，采用四色印刷，可以增加图片中黑色的饱和度，并使图像轮廓清晰，反差加大。

链接

LED 照明灯

发光二极管（LED）（见图 9-24）是一种应用非常广泛的电子元件，由于其光电转化效率高、使用寿命长等优点，LED 照明灯已经走进千家万户。

图 9-24　发光二极管

用半导体材料做成的 LED 灯只能发出紫外光、紫光、蓝光、绿光、红光等单色光，要实现家庭使用的白色 LED 灯，有两种方法：一种是在灯的内部包含红、绿、蓝三种 LED 灯，然后把这三种色光混合成白色。另一种则是在蓝色的 LED 灯上涂上一层荧光粉，这种荧光粉能将大多数蓝光吸收并发出比较宽范围的黄色光。因为黄与蓝互为补色，荧光粉发出的黄光会将剩余的蓝光混合，从而使灯光呈现出略微偏蓝的白色。

彩色照片是怎样拍摄出来的

随着社会的进步，拍照（见图9-25）已经成为人们日常生活的重要内容。旅游要拍照，朋友聚会要拍照，吃饭喝茶也要拍照，看到一个有趣或有新闻价值的现象也会拍个照，并晒出来和大家分享。你知道彩色照片是怎样拍摄出来的吗？

图 9-25　拍照

要回答这个问题，我们先来看看，人的眼睛是怎样感知物体颜色的。在我们眼球的视网膜上，有三种感受物体颜色的视锥细胞，即红视锥细胞、绿视锥细胞和蓝视锥细胞，它们对不同频率的光的敏感性可用图9-26表示。当某种波长（如波长为480纳米）的光射入眼内时，由图9-26可见，三种视锥细胞会做出强度不同的反应，其中绿视锥细胞敏感性最强，红视锥细胞次之，蓝视锥

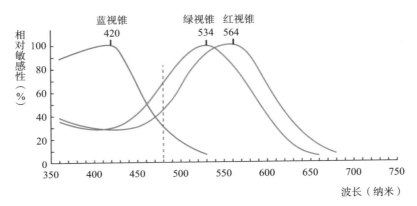

图 9-26　三种视锥细胞对色光的敏感性

细胞最弱。大脑最后将三种细胞的反应综合起来，就形成对入射
光颜色的视觉感受。所以，眼睛对某种光的颜色的识别，可以理
解为眼睛通过三种视锥细胞将该种光分解成红、绿、蓝三原色光，
再混合还原成入射光的颜色。

　　传统照相机用胶片记录光信息，彩色胶片上依次涂有红、绿、
蓝三层感光乳剂。与人眼内的三种视锥细胞类似，这三层感光乳
剂分别对红、绿、蓝三种颜色敏感。对射在其上的任何一种波长
的光，会做出不同程度的感光反应，这相当于将入射光分解成强
度不同的红、绿、蓝三原色光。而三层感光乳剂上图像的叠加就
相当于将三原色光混合，还原成入射光的颜色。

　　数码相机用滤光层和图像传感器取代传统相机的胶片。图像
传感器的表面划分为若干个捕捉点，每个点都会对捕捉到的某种
光产生一个数值，以反映这种光的强度。这些捕捉点即像素。数
码相机的像素越多，拍出的图像细节越丰富。图像传感器前有一

个滤光层，其上布满了红、绿、蓝三种颜色的滤光点，与后面图像传感器上的像素一一对应。当某种波长的光（如图 9-27 中的黄光）射入时，三种颜色的滤光点会不同程度地让光透过，于是后面对应的像素点上就会捕捉到不同强度的红、绿、蓝光。由于像素点非常小，眼睛无法直接辨别每个像素点的颜色，眼睛感觉到的是某个小区域内若干像素点混合的颜色。所以，数码照相机对光的颜色的识别，实质是通过滤光层将入射光分解成三原色，再在传感器（及其他处理器）上将三原色混合，还原成入射光的颜色。

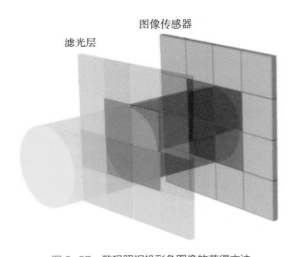

图 9-27　数码照相机彩色图像的获得方法
（图像传感器上每个小方格代表一个像素，滤光层上的每个小方格代表一个滤光点）

虹和霓

雨后天晴，当你背向太阳时，常常会看到美丽的彩虹横跨天穹。有时还可以同时看到两道彩虹，如图 9-28 所示。在瀑布的附近，或含一大口水背向太阳向空中喷出水雾，也可以在空中看到类似的彩虹。彩虹气势恢宏，五彩缤纷，给人以美的享受和无限想象的空间，有人说它是天空的微笑，有人说它是彩色的拱门，有人将它比作巨大的天桥，诗人则为它写下许多美丽的诗篇。

图 9-28　虹和霓

如果你能细心观察和比较，你将发现，天空出现的两道彩虹，里边的一道颜色鲜亮，并且红色在外，紫色在内，我们把这道彩虹叫作虹；外面的一道颜色较淡，并且紫色在外，红色在内，我们把这道彩虹叫作副虹或霓。

彩虹的形成与阳光和弥散在空中的小水滴有关。雨过之后，天空中飘浮着大量的小水滴，这些小水滴犹如小小的三棱镜，它们将通过的太阳光分解成各种颜色的光，于是形成了虹和霓。

如图 9-29 所示，太阳光从射入小水滴到从小水滴中射出，经过了两次折射和一次内反射。由于各种色光折射时偏折程度不同，发生的偏转角度也有所不同，于是就会发生光的色散，虹就是由这一原因产生的。如图 9-30 所示，太阳光从射入小水滴到从小水滴中射出，经过了两次折射和两次内反射。由于各种色光折射时偏折程度不同，发生的偏转角度也有所不同，于是也会发生光的色散，霓就是由这一原因产生的。由于形成霓的光比形成虹的光在小水滴中多反射一次，能量损失较大，所以霓比虹要暗淡些。比较图 9-29 和图 9-30 还可发现，从两个小水滴射出的光，其颜色的排列顺序恰好相反。

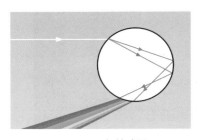

图 9-29　虹的成因

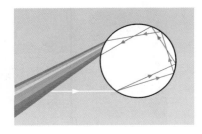

图 9-30　霓的成因

虽然太阳光经过每个小水滴后都会发生色散，从而将不同颜色的光分散开来，但当你在某个固定位置观看时，从同一个小水滴射出的不同的色光不可能都射入你的眼睛。如果某个小水滴射出的红光进入你的眼睛，那么，进入你眼睛的紫光必定是另一个小水滴射出的。对于虹，人眼从较低处的小水滴接收到紫光，从较高处的小水滴接收到红光；对于霓，人眼则从较低处的小水滴接收到红光，而从较高处的小水滴接收到紫光，如图9-31所示。所以，人眼看到的虹，外侧是红色，内侧是紫色；人眼看到的霓，外侧是紫色，内侧是红色。

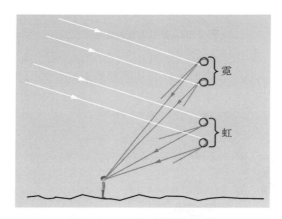

图9-31　人眼如何看见虹和霓

　　观察者只有使自己的视线与太阳光线的方向成一定的夹角才能看到彩虹。例如，对虹来说，从夹角为42°的方向看去是红色，从夹角为40°的方向看去是紫色；对霓来说，从夹角为54.5°的方向看去是紫色，从夹角为52°的方向看去是红色。所以，站在不同位置的人所看到的并不是同一道彩虹。而正如图9-32（a）中的三角板绕着底边转动时，其顶点会扫出一道弧线一样，满足观察者视线且与太阳光方向有确定夹角的水滴分布在一个弧形的空间，如图9-32（b）所示，所以，我们看到天空的彩虹通常都是

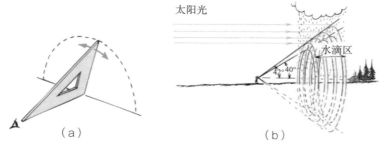

太阳光

水滴区

42° 40°

（a）　　　　　　　　　　　（b）

图 9-32　彩虹为什么是弧形的

弓形的。在飞机上，有时可以看到圆形的彩虹，如图 9-33 所示。

图 9-33　圆形的彩虹

天空的颜色

　　我们头上的天空会呈现不同的颜色，晴朗的天空是蔚蓝色的，日落时的天空是红色的，阴雨天的天空是灰色的。要解释天空的颜色，首先需要了解光的散射现象。

　　如图 9-34 所示，将两个音叉邻近放置。当用小锤敲击一下音叉 A 后，再用手按住它，我们可以从音叉 B 附近听到它发出的声音。这就是说，音叉 B 吸收了左边传过来的声音后，会重新将声音向各个方向发出。类似地，当光在气体或其他介质中传播时，

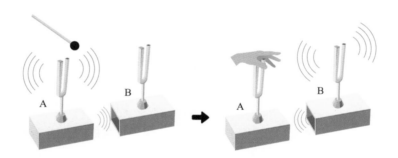

图 9-34　声音的散射

气体分子或其他微粒也会吸收光，并向各个方向再发射光，如图 9-35 所示，这种现象叫作光的散射。在漆黑的夜晚，

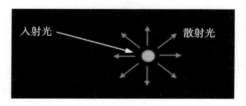

图 9-35　光的散射

你打开手电筒时虽然光线并不是向你发射，但你仍然能看见手电筒射出的光柱，就是因为手电筒发出的光被小尘埃向各个方向散射，散射光进入了你的眼睛。

微粒对光的散射特性与微粒的大小有关。当散射微粒的线度小于光的波长时，微粒对不同颜色的光的散射强度不同。光的波长越长，散射的强度越弱；光的波长越短，散射的强度越强。当散射微粒的线度大于光的波长时，微粒对不同颜色的光的散射强度则是均等的。

为什么晴朗的天空看上去是蓝色的？这是因为太阳发出的可见光在空气中传播时，紫光和蓝光被空气分子散射得最多，橙光和红光被空气分子散射得最少，被散射的红光只有紫光的十分之一左右。当我们看天空时（不是直接看太阳），我们看到的主要是经过多次散射的蓝光和紫光，如图9-36所示。由于太阳光的光谱含有的蓝光比紫光多，而且人眼对紫光不是很敏感，因此我们看到的天空颜色是蓝色的。

图9-36 蓝、紫光被空气散射

在月球的上空由于没有大气，太阳光也就不会发生散射，因此即使太阳当空，也看不到蓝色的天空。如图9-37所示是我国"玉兔号"月球车在月球上拍的照片，从照片可见，虽然阳光把月球表面照得很亮，但天空仍是一片漆黑。

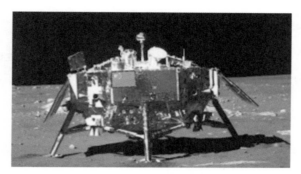

图 9-37　"玉兔号"月球车

在珠穆朗玛峰上看到的天空（见图 9-38）与在低海拔地区看到的天空（见图 9-39）相比，颜色显得更深，这是因为天空的背景是黑的，在高海拔处，空气比较稀薄，太阳光中被空气散射的蓝、紫光比较少。

图 9-38　珠穆朗玛峰上的天空

虽然天空看上去是蓝色的，但太空中的航天员向下看地球的大气层，却看不到同样的蓝色。这是因为被大气散射的蓝光是非常微弱的，微弱的蓝光只有在很暗

图 9-39　低海拔地区的天空

的背景下才能看到，以地球明亮的表面为背景，这些被散射的蓝光是无法看到的。

如果地球外的大气比现在更稠密些，当你看远处的雪山时，雪的颜色会发生怎样的变化?

"人生最痛苦的不是生与死的离别，而是我们手牵手走在街头我却看不到你的脸。"这是一个曾经在网络上流传的描述城市雾霾的段子。雾霾严重的大城市，天空看上去是灰蒙蒙的（见图9-40），这是由于机动车排放尾气等原因，使大城市的空气中颗粒物含量较多。一台典型的燃油汽车，即使发动机处于空转的状态，每秒钟也会向外排出超过1000亿个颗粒，这些颗粒物大部分是肉眼看不见的，但它们会成为其他粒子黏附的微小中心。由于雾霾颗粒物的线度比空气分子大得多，并且大于可见光的波长，它们对不同颜色的光的散射不具有选择性，可见光中各种颜色的光都会被雾霾颗粒物散射，所以天空看上去是灰白色的，等一场暴雨将空气中的雾霾颗粒物冲走后，空气才会变得透明，天空也会变回蓝色。

图9-40 灰色的天空

链接

光在液体和固体中的散射

不但大气中的微粒会散射光，液体或固体中的微粒也会散射光。如图 9-41 所示，在一杯水中加少许牛奶，将一束白光垂直于杯侧面射过，我们会看到，液体中光束通过的路径周围也变亮了，而且呈现出蓝色，这是牛奶中悬浮的颗粒散射了光束中的蓝光所致。冠

图 9-41　光在液体中的散射

蓝鸦（见图 9-42）是生活在北美地区的一种鸟类，它的顶冠羽色为薰衣草蓝或淡蓝色，如图 9-43 所示。其实，冠蓝鸦的羽毛中并没有蓝色的色素，它看上去为蓝色是因为其羽毛表面分布着大量微小的细胞，这些细胞能够散射自然光中的蓝光。我们看到它是蓝色的，其道理与天空是蓝色的相同。

图 9-42　冠蓝鸦

图 9-43　冠蓝鸦的羽毛

夕阳和朝阳的颜色

《最美不过夕阳红》是一首唱出老年人健康精神状态的、耳熟能详的歌曲。为什么正午的太阳呈浅黄色，而夕阳或朝阳却是红色的（见图9-44）呢？

图9-44　红色的夕阳

太阳发出的可见光中包含了红、橙、黄、绿、蓝、靛、紫各种色光。当太阳光通过大气后，由于蓝、紫光被散射得较多，而红光、橙光和黄光被散射得很少，其中红光被散射得最少，因此，直接射入地面观察者眼里的太阳光中，红光的成分最多。

由于地球的表面是一个球面，地球外面的大气相当于一个厚厚的球壳。在中午前后，太阳在我们的头顶，它看上去是黄色而不是白色的，这是因为光通过我们头顶上方的大气时，有些蓝、紫光已被散射掉；而在早晨日出或黄昏日落时，阳光照射到我们需要在大气层中通过更长的路程（见图9-45），这样就会有更多的蓝、紫光被散射，而留下的光中红光比例更高，这就使得朝阳和夕阳看上去是红色的。

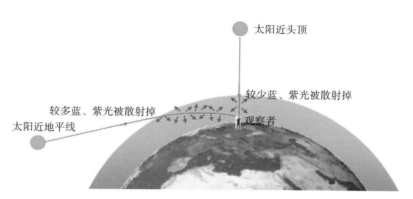

太阳近头顶

较少蓝、紫光被散射掉

较多蓝、紫光被散射掉
太阳近地平线

观察者

图 9-45　对朝阳和夕阳为何呈红色的解释

你见过月食现象吗？月食是当地球运行到月球和太阳之间时，太阳射向月球的光被地球挡住的一种特殊的天文现象。当发生月全食时，月亮有时看上去并非全黑，而是呈现出古铜色，如图 9-46 所示。这是因为，当月全食时，虽然地球挡住射向月球的太阳光，但射向地球侧面大气层的少量太阳光会因路径变弯而绕到地球的后面，射到月球上。由于这些太阳光在大气层中经过了较长的路程，大气已将太阳光中的蓝、紫光散射掉，因此射到月球上的太阳光主要是红光。

图 9-46　月全食时月亮呈古铜色

如果大气中分子散射的低频率的光比高频率的光更多，天空将会呈现什么颜色？落日将会呈现什么颜色？

云的颜色

晴朗的天气，天空的云朵是白色的，而乌云翻滚则意味着天将下雨；清晨和黄昏时远处的天空常常会出现红色的火烧云。这些都是什么原因造成的？

原来，云朵是由大量的小水滴和小冰晶构成的。由于在大多数的云中，小水滴和小冰晶的线度从几微米到几十微米，比可见光的波长大得多，当光照射时，它们对各种颜色的光的散射是不具有选择性的，即能够对不同颜色的光做出均匀的散射。由于云朵中的水滴能够散射各种颜色的光，所以，云朵看上去是白色的，如图9-47所示。

图9-47　蓝天白云

　　当云层变厚、云中的水滴变得更稠密、水滴与水滴合并而变得更大时，射到云层中的太阳光会被大量吸收掉。太阳光既难以透过云层，又难以被云中的小水滴散射。这时，云的颜色将会变得灰黑，如图9-48所示。当水滴继续变大后，将会下落形成降雨。

图9-48　乌云密布

　　日出和日落时，由于太阳光是斜射过来的，在大气层中通过的路程要比中午时长得多。太阳光中的蓝、紫光被大量散射，而红、橙光占有很高的比例，这就使得远处天空中的云朵都变成鲜红的颜色，被称为火烧云，如图9-49所示。

图9-49　火烧云

第 10 章

眼和视觉

　　打网球是一项对人的灵敏性、协调性要求很高的运动。网球场上正在进行一场精彩的网球比赛，砰！对方凶猛地把网球扣杀过来。球员要准确地把网球回击过去，眼睛必须一直看着网球，根据网球的位置和行进的轨迹，快速确定自己的运动路线（见图 10-1）。

　　人眼对外部世界的视觉是怎样产生的？人眼是怎样观察并判断对象的位置的？

图 10-1　当网球从空中飞过来时，球员的眼睛要一直看着球

眼球的结构与功能

　　对于人的视觉的产生，古代有不少非科学的解释。古希腊学者认为，人眼中能射出一种特别细的触须，用触须去触摸物体时就会产生视觉。现在我们知道，是来自物体的光进入了人的眼球，在眼球的视网膜上成像，并在大脑中产生视觉。

　　眼球的主要结构有角膜、巩膜、虹膜、瞳孔、晶状体、玻璃体和视网膜等，如图 10-2 所示。在人的视觉产生的过程中，眼球的各种结构扮演着重要的角色。

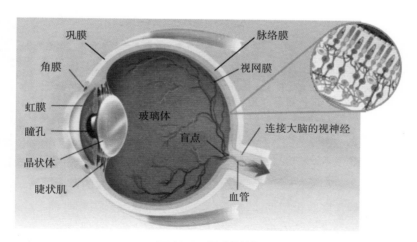

图 10-2　眼球的结构

（眼睛是视觉器官，光从角膜和瞳孔进来，通过晶状体，射到视网膜的视觉细胞上，然后视神经把信号传递到大脑）

角膜　角膜是眼球前面一层表面弯曲的透明体，呈圆形，占眼球外层面积约六分之一，约 1 毫米厚。其主要作用是与晶状体一道，使射入眼球的光发生弯折（称为屈光作用），从而会聚到视网膜上。在眼的屈光力中，角膜的屈光力占 70% ～ 75%。构成角膜的上皮细胞形成致密的屏障，可阻止大部分微生物的入侵，还能防止灰尘进入眼睛，从而对眼睛起到保护作用。角膜是透明的，没有血管，它主要从泪液中获取营养，从空气中获得氧气，需要经常清洗和维护。你每眨一次眼，上、下眼睑就擦拭、清洁和湿润一次你的角膜。

链接

人工角膜

角膜症是比较常见的眼症，它会使透明角膜出现灰白色浑浊，阻挡光进入眼内，引起视力模糊、减退甚至失明。角膜盲是仅次于白内障的第二大致盲眼症。2018 年全球大约有 2000 万名因角膜症致盲的患者，其中，中国有 400 多万名，并且每年新增约 10 万个病例。这些患者绝大多数都可以通过角膜移植重见光明，但是，目前我国的捐献角膜数量极少，每年角膜移植手术量在最高峰时都不到 10000 例。为此，科学家们多年来一直在研发人工角膜。可喜的是，我国科学家已成功研发出全球首个人工角

链接

膜"艾欣瞳"（见图 10-3），它是目前世界上唯一一个完成临床试验的产品。该产品于 2013 年成功完成临床试验，总有效率达到 94.44%，患者愈后效果接近人捐献角膜。

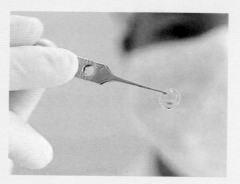

图 10-3 人工角膜"艾欣瞳"

巩膜 人在愤怒、发愣、不满时，眼睛通常会露出更多的白眼仁。白眼仁在科学上被称为巩膜。巩膜的前方接角膜，是眼球的一层外壳，是眼球纤维膜的后六分之五部分。巩膜由致密的胶原和弹力纤维构成，质地坚韧，呈瓷白色，对眼球的内部结构起保护作用，支持和牵动眼睛的肌肉是固定在巩膜上的。巩膜内有一个脉络膜层，其中含有暗色素，因此，透过巩膜的光会被脉络膜层吸收，而不会被散射进入眼球内部。

虹膜 我们在描写眼睛时常用"乌黑的眼珠"来形容，眼球乌黑的部分在科学上被称为虹膜。虹膜是一块可以伸缩的肌肉环，它可以调节瞳孔的大小，改变进入眼球的光的数量。其实，人类眼球的虹膜并不都是乌黑的，而是有不同颜色，如图 10-4 所示。虹膜颜色的不同并非虹膜中存在不同的色素。虹膜中只含有黑色素，虹膜的颜色是由虹膜中黑色素的多少、色素存在的深度，以及光的散射等因素共同决定的。蓝虹膜拥有的黑色素较少，蓝色是虹膜中的微小颗粒对光产生散射形成的，就像空气分子对阳光的散射使天空呈蓝色一样。褐色虹膜中含有的黑色素最多，并且分布在虹膜的最外层。如果这一层的黑色素较少，色素更多地分布在虹膜的深层，那么你的眼睛可能是灰色的，也可能随着色素数量的减少，依次向浅褐色、绿色、灰白色、蓝色转变。也有比较特殊的情况，例如紫色的眼睛是因为虹膜中黑色素的量很少，以至于无法掩盖血液的颜色；白化症患者则有粉红色虹膜，这是由于其虹膜中没有色素，只能显示出毛细血管的颜色。

图 10-4　不同颜色的虹膜

虹膜识别技术

　　人从出生后 8 个月到去世后 10 分钟内，眼睛虹膜的样式将一直保持不变。世界上没有两个人的指纹是完全一样的，同样，每个人的虹膜也是独一无二的。根据这一原理，英国科学家约翰·多曼发明了一种独特的身份测定技术——虹膜识别技术。他将人眼虹膜外观的特征转化为相应的虹膜密码。虹膜识别技术可用于门禁、银行提款等方面。使用者只要事先把自己的虹膜密码储存在系统中，利用门边或提款机上安装的虹膜测定相机，便能确认使用者的身份，而无须使用易被窃取的密码。

图 10-5　虹膜识别门禁

瞳孔 人们常常把眼睛比作心灵的窗户，而瞳孔则是眼睛真正的窗口。瞳孔是虹膜中间黑色的部分。它是被角膜覆盖的一个洞，是光线进入眼睛的入口。因为它直通眼球黑暗的内部，所以看上去是黑色的。瞳孔的大小通过虹膜的扩张或收缩来控制。在光照昏暗时，瞳孔变大［见图 10-6（a）］，以使更多的光进入眼睛；在光照明亮时，瞳孔变小［见图 10-6（b）］，只让一细束光进入眼睛。在光亮的环境里，瞳孔的直径可以小到 2 毫米，而在阴暗的环境下，瞳孔的直径可以扩张到 8 毫米。可见瞳孔对光量的调节能达到 16 倍之多。虹膜的扩张和收缩还与人的情绪有关。情绪兴奋时瞳孔会自动放大，情绪低落时瞳孔会自动收缩。

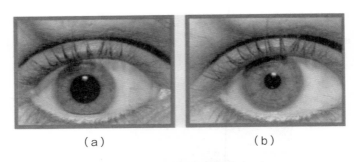

（a）　　　　　　　　　　（b）

图 10-6　瞳孔的变化

晶状体 当你打球时，要想清楚地看见运动中的球，那么眼球必须不断改变其屈光力，使射入眼球的光都能会聚到视网膜上。履行这一职责的是瞳孔后面的晶状体，它相当于一个可以改变焦距的凸透镜。晶状体与角膜一样，能使进入眼内的光线发生弯折。在眼球的屈光力中，晶状体的屈光力占 25% ～ 30%。晶状体由周缘的晶状体悬韧带连接在睫状肌上，能通过睫状肌对其曲度进行调节。当看远方的物体时，睫状肌放松，晶状体变扁平［见图 10-7（a）］，厚度变薄，对光的偏折能力变小，从而使远处物体的像落在视网膜上；当看近处物体时，睫状肌收紧，晶状体厚度变大［见图 10-7（b）］，对光的偏折能力变大，焦距变小，从而使近处物体的像落在视网膜上。

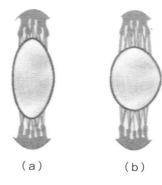

（a）   （b）

图 10-7　晶状体的调节

玻璃体　在眼球内晶状体与视网膜之间充满的无色透明的胶状体叫作玻璃体，它对视网膜和眼球壁起支撑作用，使视网膜与脉络膜相贴。玻璃体的主要成分是水，占了玻璃体体积的 99% 左右。玻璃体也具有一定的屈光功能，它与房水、晶状体、角膜一起构成眼的屈光系统。

视网膜　在眼球成像系统中，外面物体在眼球内所成的像是落到视网膜上的，如图 10-8 所示。视网膜是眼球后部内侧一个很薄的光敏细胞层，它涵盖了眼球背面三分之二的区域。为了获得对物体清晰的视觉，必须使物体成像在视网膜上。视网膜主要由视杆细胞和视锥细胞构成。视杆细胞是感受弱光刺激的细胞，对光的强弱反应敏感，对光的颜色反应不敏感，夜间的视觉是由视杆细胞引起的。视锥细胞是感受强光和颜色的细胞，它比视杆细胞

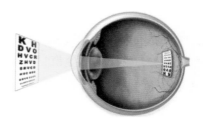

图 10-8　眼球成像系统

需要更多的能量，对弱光和明暗的感知不如视杆细胞敏感。这也是人在昏暗的环境中很难辨别出物体颜色的原因。大多数哺乳动物的视网膜中只有视杆细胞而没有视锥细胞，所以，它们对外部世界只有明暗的感觉，没有色彩的感觉。

视锥细胞有三种类型，即红视锥细胞、绿视锥细胞和蓝视锥细胞，它们分别对接近红光、绿光、蓝光中的某一段波长特别敏感，但对其他颜色的光也都会有不同程度的反应。当任何一种频率的光进入人眼后，一般都有两种以上的视锥细胞对它做出不同程度的反应。这些反应综合起来，就会对光的颜色做出判断。

视网膜上的视觉细胞接收到光的刺激后，会把光信号转化为电信号，通过视神经传递给大脑。大脑把接收到的所有信息进行汇总，并把左右眼形成的两个像合成为一个立体的像，从而形成对物体的视觉。虽然物体在视网膜上所成的像是倒立的，但大脑会自动将像解释为正立。有趣的是，如果让人戴一个倒转镜，使成在视网膜上的像正立。开始，他看物体都觉得是倒立的，但一段时间后，大脑会自动做出调整，他看物体又变成正立了。此时若他取下倒转镜，一切物体又变成倒立了。但再过一段时间，大脑会再次做出调整。人的大脑就有如此神奇的魔力！

人眼的视神经在视网膜前面，视神经汇聚到一个点上穿过视网膜连进大脑。在这个点上，没有视觉细胞分布，物像如果落在这个点，就无法产生视觉，这个点叫作盲点。用简单的活动可以证实你的每只眼都存在盲点。如果你举着这本书并把手臂向前伸直，闭上左眼，只用右眼看图 10-9，在这个距离你可以同时看到 ● 和 ×；当你右眼盯着 ●，把手慢慢缩回，使书慢慢靠近你的脸到达某个位置时，× 将会消失。再闭上右眼，只用左眼看图，重复上述过程，这次注意盯着 ×，那么将书靠近到某个位置时，● 将会消失。由于同一个物体的像通常不会同时落在两只眼睛的盲点上，所以，当我们两只眼睛都睁开时，就不会受到盲点的影响。

●   ×

图 10-9　检验盲点的存在

　　虽然盲点只是眼睛内一个极小的区域，但眼睛因盲点而看不见的区域却并不小。如果你用一只眼睛看 10 米远的一座房子，那么由于盲点的存在，这座房子的正面会有直径约 1 米的圆形区域你无法看到，大小相当于一整扇窗。如果你注视天空，也有一块无法看见的地方，它的面积大约等于 120 轮满月。

一些动物的眼睛

　　人有眼睛，大多数动物也都有眼睛。动物的眼睛跟人的眼睛是否一样呢？上海科学教育电影制片厂曾经拍过一部科教片《动物的眼睛》，从中我们可以看到，许多动物的眼睛和视力与人类存在着很大的差别。

有些鸟类以地面上的兔、鼠、蛇或水里的鱼、虾为食，这些鸟类通常具有极强的视力。比如，鹰（见图 10-10）和秃鹫的眼

图 10-10　鹰

球上分布的视杆细胞和视锥细胞的数目是人类的四五倍，并且它们能够迅速地调节晶状体的焦距，这使它们能够在 3 千米的高空清楚地看到地面上的兔、鼠等啮齿类小猎物和其他细节。

许多哺乳动物的眼睛是针对夜间视物的。猫的瞳孔大小变化范围很大，强光下，猫的瞳孔会收缩成一条细缝。而在黑暗中，猫的瞳孔则会张得又圆又大，这使猫在夜间活动时，眼睛能够充分接收光线，看清猎物。猫的眼睛在黑暗中看起来很亮，这是因为猫眼的视网膜后面还有一层类似于镜子的瓣膜，它可将进入视网膜后的光再次反射到视网膜上。所以，当猫在黑暗中瞳孔张得很大并且有光照射其眼时，猫的眼睛好像会发出特有的绿光或金光（见图 10-11），给人一种神秘的感觉。

苍蝇是令人讨厌的害虫，但是，即使你想从苍蝇的背后

图 10-11　猫的眼睛

伸手去抓它，也是很难抓到的，你的手还没到达，苍蝇就飞走了。为什么苍蝇的反应如此灵敏呢？

原来，苍蝇、蜜蜂和龙虾，以及许多昆虫和甲壳类等节肢动物的眼睛是由许多小眼构成的复眼，复眼在昆虫的头部占有突出的位置。苍蝇的眼睛没有眼窝、眼皮和眼球，眼睛外层的角膜直接与头部的表面连在一起。一只苍蝇共有 5 只眼睛，其中 3 只是单眼，2 只是复眼。苍蝇的一只复眼里有 4000 多只小六角形状的小眼，这些小眼呈蜂窝状堆积在一起，如图 10-12 所示。每只小眼都是一个独立的成像系统，有角膜和由对光敏感的视觉细胞构成的视网膜，以及通向脑的视神经。因此，每个小眼只能形成一个像点，众多小眼形成的像点拼合成一幅图像。昆虫的复眼能看清几乎 360° 范围内的物体，而且昆虫对移动物体的反应十分敏感。所以，从苍蝇背后伸手去抓捕时，苍蝇会马上看到你移动的手，并快速做出反应飞走。

图 10-12　苍蝇的复眼

链接

复眼照相机

复眼照相机是根据昆虫复眼的原理发明的一种全景式照相机。如图 10-13 所示的复眼照相机上集成了 100 个独立的相机，看上

图 10-13 复眼照相机的原型机

去就像是苍蝇的复眼，每个相机负责拍摄一个视角的照片，然后通过电脑后期合成的方式合并为一张无缝隙全景照片，如图 10-14 所示。

图 10-14 用复眼照相机拍摄的全景式照片

视觉暂留与电影

最近你去电影院看了什么电影？虽然家家都有电视机，但仍然有许多人愿意掏钱进影院看电影，去感受电影特有的视听效果。在电影中，你会看到马在跑，鸟在飞，人在行走，浪在翻滚。你知道这些画面究竟是怎样动起来的吗？

其实，电影只是在银幕上快速切换的图片。为什么图片快速切换会产生动的感觉？这与人的视觉暂留有关。所谓视觉暂留是指一个画面虽然离开了，但大脑对这个画面产生的视觉不会立即消失，还要滞留短暂的时间。对于中等强度的光刺激，视觉暂留时间为 0.1 ~ 0.4 秒。如果你拿着一根荧光棒在空中快速飞舞，你就会看到空中出现有荧光的弧线（见图 10-15），这种现象就是人的视觉暂留产生的效应。同样，当两个画面在我们眼前以极快的速度切换时，我们是看不出切换的过程的。

视觉暂留现象首先是中国人发现的，走马灯就是历史记载最早的视觉暂留现象的应用。走马灯的外形像宫

图 10-15 视觉暂留现象

灯，如图 10-16 所示。灯内有一个转轮，将绘好的图案粘贴在转轮上，烛光将图案投射在灯屏上。燃灯之后，热气上升时带动转轮转动，灯屏上就会出现人马追逐、物换景移的影像。因为灯各个屏上大多呈现的是古代武将骑马的图画，而灯转动时看起来好像几个人你追我赶一样，故称走马灯。

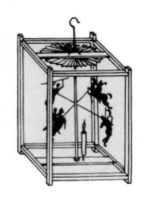

图 10-16　走马灯

　　视觉暂留有两种：如果暂留影像的颜色与原物相同，称为正片后像；如果颜色与原物不同，称为负片后像。如果你注视图 10-17 中间的四个黑点 15 ~ 30 秒，然后再朝身边的白色墙壁看，你将看到如图 10-18 所示的图像。这个图像就是因视觉暂留而形成的负片后像。产生负片后像的原因与视觉疲劳有关。

图 10-17　盯着图中的四个黑点

图 10-18　墙上看到的图像

　　你是否注意到，医生做手术时所穿的手术袍都是绿色的（见图 10-19）？这是因为医生动手术时眼睛处于高度疲劳的状态，他们长时间看大面积的红色（血），如果穿的是白袍，由于视觉暂留，会在白色背景下产生绿色的负片后像，从而对手术造成不良的影响。将手术袍换成绿色，则可缓解这种错觉。

图 10-19　绿色的手术袍

电影的拍摄无非是将一个连贯的动作拍成一连串的照片（见图 10-20），其拍摄速度通常为每秒 24 张。由于拍摄时间间隔极短，每一个画面与前一个画面只有略微不同。播放电影时，同样是以每秒 24 张的速度连续播放这些照片，每张胶片在镜头前停顿一下。在切换下一张胶片时，有一个装置会把镜头遮住，使银幕暂时变黑。由于图片替换如此之快，使得当下一张图片呈现时，大脑里

图 10-20　电影胶片

217

仍留着上一张图片的视觉，由此产生了连贯动作的幻觉。早期电影由于每秒钟放映的图片较少，所以我们看到画面中的人走路是一蹦一颠的。

用录像机（或带有录像功能的手机）拍摄录像，其原理与拍摄电影一样，实质也是相隔极短时间连续快速拍摄照片。一般录像每秒钟拍摄 25 至 30 帧照片，每秒钟拍摄的照片数量越多，录像的画面越流畅。利用一些专门的软件，我们还可以将一段动态的录像分解成一系列静态的照片，如图 10-21 所示。

图 10-21　由录像分解出来的照片

立体视觉与单目视觉

从视觉形成的角度看，人用一只眼就能看见物体，那为什么人要长出两只眼呢？人的两只眼长在头部的前面，但为什么兔子、鸽子的两只眼却长在头部的两侧呢？表面上看，这些问题似乎有点"明知故问"，但科学需要我们提出无尽的问题。

让我们来做一个有趣的实验：如图 10-22 所示，在一张白纸上画一个点，并把它随意放在桌面某个位置。先闭上一只眼睛用一支笔垂直触碰那个点，再睁开双眼重复一次这个举动。你将发现，闭上一只眼时，你很难获得成功；而睁开双眼时，笔尖就很容易触到那个点。

图 10-22　用单眼找目标

如果单用一只眼观看物体，所产生的视觉叫作单目视觉。单目是难以估计物体与观察者的距离的。

人有两只眼，成人两眼的瞳孔距离约为 6 厘米。人用两只眼看某一个物体时，由于两眼视线方向不同，两眼对物体上任一个点的两条视线都会形成一个夹角，如图 10-23（a）所示。观察对象离眼睛越近，两眼视线的夹角越大。根据两眼视线夹角的大小，大脑可以确定观察对象的位置和区别不同物体的远近。而且，对于同一个物体，人的两只眼睛所看到的情景也有所不同。如图 10-23（b）所示，左眼看到物体的前面和左面，右眼看到物体的前面和右面。大脑通过对比两只眼所获得的像，能够自动

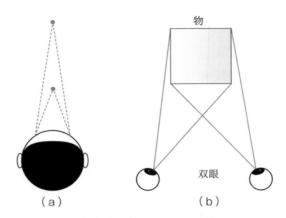

图 10-23　用双眼同时看物体

区分出物体的远近，并对物体形成立体感。这种用双目同时观看物体所产生的视觉叫作双目视觉，也叫立体视觉。

　　在自然界，像兔子、鸽子等植食动物虽然都有两只眼，但它们的眼大多生于头部的左右两侧，每只眼看到的是不同的物体。这种视觉属于单目视觉，其优点是视野较大，可以同时看见四周的景物，有利于及早发现天敌；缺点是两眼视野重叠部分很小，难以确定天敌的准确位置，如图 10-24 所示。

图 10-24　单目视觉及其视野

　　像老虎、狼、豹等肉食动物，无须处处提防天敌，反之要在捕食时准确判断猎物的位置，所以演化出两眼向前的头部结构。这些动物与人的视觉一样，也是立体视觉。这种构造的优点是两眼视野的重叠部分较大，容易确定猎物的位置；缺点是视野较小，如图 10-25 所示。

图 10-25　双目视觉及其视野

　　虽然两眼对物体视线的夹角大小可以比较物体的远近，但当物体远离观察者时，两眼观察物体的视线几乎是平行的，这时我们就难以判断物体的位置和比较物体的远近了。我们观看夜空中的星星，感觉所有星星都在同一个球面上。太阳与地球的距离约为 1.5 亿千米，月球与地球的距离约为 38 万千米，日地距离约是月地距离的 400 倍，但当天空同时出现太阳和月球(见图 10-26)时，我们根本无法分辨出它们的远近。

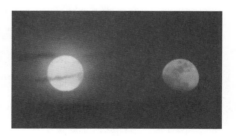

图 10-26　太阳和月球同时出现

你看过 3D 电影吗？3D 电影所产生的立体效果带给观看者的视觉冲击，会让观看者兴奋、紧张，甚至发出尖叫，如图 10-27 所示。为什么看普通电影与看 3D 电影的视觉感受完全不同呢？

图 10-27　3D 电影

人用双眼看物体，由于两只眼获得的图像不同，大脑把两个图像组合起来，会使我们产生立体的感觉。但人眼看图片或看普通的电影，由于画面是在同一个平面内，两只眼睛中形成的图像是相同的。因此，就不会产生立体的感觉。

3D 电影则不然，3D 电影也叫立体电影，它是利用双眼立体视觉原理，使观众能从银幕上获得立体空间感视觉的电影。3D 电影要用两个镜头像人眼一样分开的摄影机进行拍摄。再通过两台放映机，把两台摄影机拍摄的图像同步放映。由于两个镜头不在同一个位置，拍摄到的两幅图像略有差异。把两个图像同时显示在银幕上，如果直接用眼看，画面是重叠的，有些模糊不清，所以观看 3D 电影时，观影者必须戴上特殊的眼镜，使左、右两眼分别看到两台放映机放映的图像。两只眼看到的不同图像经大脑组合，就会形成立体的感觉。

第 11 章

视力的限制和缺陷

　　低头看书本，我们可以看到近在咫尺的图文；抬头看窗外，我们可以看到璀璨的华灯。虽然我们能够看见远近不同的物体，但有不少人看到的物体其实并不那么清晰，如图 11-1 所示。这是因为人的视力是受到各种因素限制的，也会因先天或后天的原因存在着一些缺陷。人的视力存在哪些限制和缺陷呢？

图 11-1　有些人眼中的世界模糊不清

眼的近点、远点和分辨力

拿起这本书，把书竖放在眼前适当的位置，使你看到图 11-2 中的两条线都是清晰的，再将书逐渐移近。你将发现，当书移到某个位置之后再移近，两条线都变模糊了。

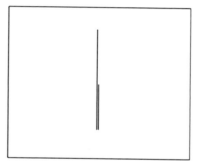

图 11-2　检测近点、远点与分辨力

这是因为，当物体处于眼前某个位置时，物体能够在视网膜上成一个清晰的像。当物体移近时，物像会向同一个方向移动，好在人眼能够自动对晶状体进行调节，使物体的像仍能落在视网膜上而被人清晰地感知到。但人眼的这种调节能力是有限的，当物体处于某个位置之后再移近，人眼再也无法通过调节晶状体使像落在视网膜上，这时人眼看到的物体就变模糊了。这个能使人清晰看到物体的最近的距离，叫作眼的近点。在近点之内的物体，眼是无法看清的。

类似地，如果将这本书逐渐远离自己的眼，当书移到某个位置之后再移远，眼无法通过调节晶状体使像落在视网膜上，你看到的两条线也会变模糊。这个能使人清晰看到物体的最远的距离，叫作眼的远点。正常眼的远点是在无穷远，当你观看清澈夜空的星星时，如果能够清晰地看到黑暗的背景上一个个发亮的小点，就说明你的眼的远点在无穷远。如果眼的远点为某个值时，处于远点之外的物体，眼也是无法清晰看到的。

如果你观看图 11-2 中的长短两条平行线，并逐渐远离书本。你将发现，当你移到某个位置后，虽然你能够清晰地看到长线段的上半部分，但下半部分的两条线段却分不开了。造成视觉上两条线段分不开的原因跟眼睛的远点无关，而是跟人眼的分辨力有关。分辨力越高，物体的细节看得越清楚。

所谓眼的分辨力，是指眼球能把相邻且有关联的两个点辨认为两个分离实体的能力。因为在眼睛的视网膜上分布着大量的视觉细胞，如图 11-3 所示，眼睛要分清两个靠近的亮点 A 和 B，至少需要三个细胞，两个靠外面的细胞受到亮一些的光的刺激，中间的细胞受到相对暗一些的光的刺激。这两个亮点在视网膜上所成的像点 A′ 和 B′ 的位置至少横跨三个细胞。如果两个点靠得过近，人眼是无法分辨它们的。

图 11-3　眼对观察对象的分辨

眼的分辨力取决于来自两个点的光线进眼球的角度，它还跟观察对象的颜色、亮度、动静，以及与周围物体的反差等因素有关。当照度太强、太弱时或当背景亮度太强时，人眼分辨力会降低。当视觉目标运动速度加快时，人眼分辨力也会降低。人眼对彩色细节的分辨力比对亮度细节的分辨力要弱，如果黑白分辨力为 1，则黑红分辨力为 0.4，绿蓝分辨力为 0.19。

链接

潜水员在水中为什么要戴潜水镜

人的视力受到眼球自身条件的限制，也会受到环境的影响。在影视剧中常可看到，潜水员在水下时总是戴着一副特殊的眼镜——潜水镜，如图 11-4 所示。潜水镜有哪些作用呢？

图 11-4 潜水员戴潜水镜

我们生活在大气的"海洋"之中，人眼也就适应了在空气中看物体，如图 11-5（a）所示。当我们进入水中后，眼睛被外面的水所包围，角膜对光的屈光力将会大大降低，从而使进入眼睛的光线在视网膜后会聚，如图 11-5（b）所示。这样，人眼就无法清晰地看到外面的物体。

戴了潜水镜后，由于潜水镜内封闭着空气，水中射来的光线要先经过空气再射入眼中，这样，角膜的屈光力就会恢复到原来的状态，外面射入的光线就可以在眼的视网膜上会聚，如图 11-5（c）所示。

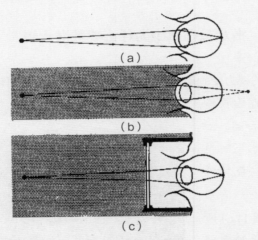

（a）

（b）

（c）

图 11-5　人眼在空气中和在水中看物体

　　试想，假设一条美人鱼上岸观光，由于鱼眼的屈光力太大，鱼眼所成的像就落在视网膜的前方。如果要看得清楚，美人鱼应戴一副怎样的眼镜？

近视和远视

2019 年 4 月 17 日，人民网舆情数据中心发布了《国民视觉健康大数据报告》，报告指出：我国近视患者约 6 亿人口，其中，小学生近视比例近 50%，中学生近 80%，大学生甚至高达 90%。我国青少年近视率居世界第一。你知道近视形成的原因吗？

图 11-6　青少年近视的现象比较普遍

正常人看远物时，眼睛会自动调节，使来自远处的光聚焦在视网膜上［见图 11-7（a）］。但近视者因为眼轴（即眼球的前后径）太长［见图 11-7（b）］，或角膜或晶状体的屈光力过强［见图 11-7（c）］，使来自远处的光会聚在视网膜前。上述两种原因造成的近视分别称为轴性近视和屈光性近视。原发性近视大多是轴性近视，我们平时看到一些高度近视患者的眼球明显突出，就是轴性近视眼轴过长的一种突出表现。

近视患者能够看清近处的物体，却无法看清远处的物体。为了使来自远处的光（近乎平行光）能够会聚在视网膜上，应当使光进入眼球前稍散开一些。所以，配戴由凹透镜做的眼镜［见

图 11-7（d）]，可以对近视进行矫正。

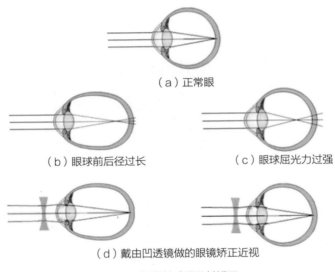

（a）正常眼

（b）眼球前后径过长　　　　　　（c）眼球屈光力过强

（d）戴由凹透镜做的眼镜矫正近视

图 11-7　近视的成因及其矫正

　　青少年常见的屈光性近视有曲率性近视和调节性近视两种类型。曲率性近视的主要原因是角膜或晶状体表面弯曲度过强；调节性近视的主要原因是用眼过度或用眼不科学导致睫状肌持续收缩处于痉挛状态，引起晶状体厚度增大。许多调节性近视是一种假性近视，并不需要配戴眼镜，通过适当的休息和治疗，注意用眼卫生，合理用眼，是有希望恢复正常视力的。但如果在假性近视阶段不及时纠正和治疗，久而久之，会发展成真性近视。

　　许多上了年纪的人读书看报时，常常将书报拿得远远的（见图 11-8）。这是因为这些人的眼老花了。

图 11-8　老年人通常都患有老花眼

　　远视眼和老花眼看似症状相同，但其实是两种不同的眼科疾病。你知道远视形成的原因吗？远视的成因及矫正如图 11-9 所示。

　　正常人看近物时，眼会通过自动调节，使来自近处的光聚焦在视网膜上［见图 11-9（a）］。但远视患者因为眼轴太短［见图 11-9（b）］，或角膜或晶状体的屈光力过弱［见图 11-9（c）］，使来自近处物体的光会聚在视网膜后（实际上是会聚前已经落在

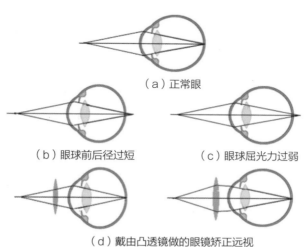

（a）正常眼

（b）眼球前后径过短　　　　　（c）眼球屈光力过弱

（d）戴由凸透镜做的眼镜矫正远视

图 11-9　远视的成因及其矫正

视网膜上）。所以，与近视患者相反，远视患者能够看清远处的物体，却无法看清近处的物体。为了使来自近处物体的光能够会聚在视网膜上，应当使来自近处物体的光进入眼球前先聚合一些。所以，配戴用凸透镜做的眼镜 [见图 11–9（d）]，可以对远视进行矫正。

链接

近视和远视眼镜的度数

近视或远视程度不同的人，戴的眼镜的度数也不同。眼镜的度数是怎样规定的？

近视或远视越严重，需要屈光力（即折光本领）越强的眼镜来矫正。而从另一方面看，透镜的焦距越小，则屈光力越强。由此可知，描述眼镜屈光力强弱的度数与透镜的焦距直接相关。

科学上将透镜焦距（以米作单位）的倒数乘以 100 的值，规定为眼镜的度数，即

$$眼镜的度数 = \frac{100}{f}$$

如果某凹透镜的焦距为 0.25 米，则用这一凹透镜做成的近视眼镜的度数为 400 度。

散　光

　　有的人看远处的物体时，常常把眼睛眯成一条细缝。这些人可能患有较为严重的散光眼症。散光眼症是怎样形成的？如何矫正散光眼呢？

　　正常眼的角膜外形像球面的一部分，各个区域的曲度是相同的。这样，来自某一点的光射入眼内后，将在视网膜上会聚成一个像点。如果不同区域的角膜曲度不相同，有的方向弯曲一些，有的方向扁平一些，则来自某一点的光射入眼内后，会产生多个会聚点，如图 11-10 所示，这种眼症叫作散光。由于散光眼产生的多个会聚点通常不可能都落在视网膜上，有的会落在视网膜上，有的落在视网膜前或视网膜后，所以，散光通常伴有近视或远视。若某个方向的光能会聚在视网膜上，而与其垂直方向的光会聚在视网膜前，这种散光被称为单纯近视散光；若某个方向的光会聚在视网膜上，而与其垂直方向的光会聚在视网膜后，这种散光被称为单纯远视散光。

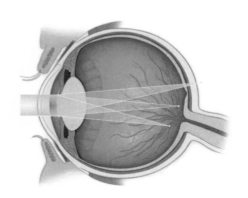

图 11-10　散光眼特征

正常眼和散光眼看物体的差异，可以用图 11-11 来反映。正常眼能看清所有放射线条，而散光眼看到的部分线条是模糊不清的。

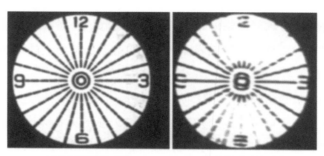

正常眼看到的图像　　　　散光眼看到的图像

图 11-11　正常眼与散光眼看到的图像

散光的情况比较复杂，若是单纯近视散光或单纯远视散光，可以通过戴柱镜来进行矫正。如图 11-12 所示为单纯近视散光的矫正方法。

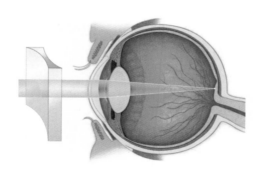

图 11-12　单纯近视散光的矫正

激光角膜屈光手术

近视、远视和散光等眼症都可以通过配戴合适的眼镜来矫正，但眼镜会给我们的生活带来很多不便。当你低头吃热面条或喝热水时，眼镜的镜片常常会起雾；当你做剧烈的运动时，眼镜常常会掉落。能否不用配戴眼镜来矫正我们的视力呢？

我们知道，眼睛的屈光力主要是由角膜来承担，而角膜的屈光力与前表面的弯曲程度密切相关。能否通过对角膜的前表面进行整形来矫正近视、远视或散光呢？基于这样的想法，科学家研发了激光角膜屈光手术。

最常用的激光角膜屈光手术是激光角膜原位磨镶术（LASIK），其流程如图 11-13 所示：用手术刀从角膜外层切下一个直径约 8.5 毫米、厚度约为 160 微米的角膜瓣，并将它拉到一旁。然后用脉冲式的激光照射这个部位的角膜，使其蒸发掉少量角膜组织。当角膜的中心部分变成预定的新形状后，再将角膜瓣复位。

用激光射人眼，听起来似乎有点恐怖。有人可能会担心，激光的强度这么大，它甚至能将钢板击穿，让它射人眼，会不会将人眼击穿、烧焦呢？其实，LASIK 所用的激光是波长为 192 纳米的紫外光，它与角膜组织发生的是光化学效应，而不是热效应，因此，这种光会被角膜组织强烈吸收，从而蒸发或除去角膜组织，并不会加热周围组织。由于每个激光脉冲持续的时间只有几个飞秒（1 飞秒等于千万亿分之一秒），只能穿入 0.25 微米的深度，根

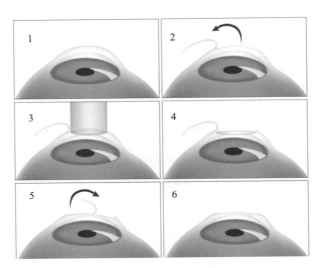

图 11-13　激光角膜原位磨镶术流程

本不可能将眼球击穿。

　　在手术中，医生事先根据角膜不同部位需要切除多少组织来设定激光的脉冲数，而所有过程都由计算机程序控制，所以可以得到满意的角膜形状。整个手术是在无痛的状态下进行的，半个多小时即可完成。

　　激光角膜屈光手术在我国非常普及，但针对一些患者手术后发生感染，或出现眩光、夜间视力减退及眼睛干涩等后遗症，近年来有的专家质疑这一技术的安全性。也有专家认为，据国际医学会统计，LASIK 近视矫正手术后 95% 的患者视力恢复到 0.8 以上，后遗症发生率低于 1%。任何手术都有副作用，且 LASIK 的手术并发症概率很低，在科学可接受的范围内。

同任何手术一样，激光角膜屈光手术有一定的适用条件。所以，要经过医生充分的评估后才能为患者谨慎地实施手术。

隐形眼镜

隐形眼镜（见图 11-14）也叫角膜接触镜，它是一种伏贴在眼球角膜上的镜片。隐形眼镜不仅使用方便，不会给使用者带来

图 11-14　隐形眼镜

外观上的影响，而且具有视野宽阔、视物逼真的优点。

但事物总是具有两面性的，隐形眼镜给我们带来好处的同时，也存在着一些不可忽视的缺陷。由于隐形眼镜直接和眼球接触，如果不能正确使用，会给眼睛带来伤害。据统计，约有 60% 戴隐形眼镜的人会出现眼睛干涩、泛红等症状。事实上，患有角膜炎、结膜炎、虹膜炎、青光眼等眼疾，以及眼睛敏感、泪水分泌不足的人，都不适合戴隐形眼镜。因此，戴隐形眼镜之前，应当先得到专业眼科医师的认可。

色　盲

　　色盲本属生物学或医学问题，但有趣的是，色盲的发现者自己也患有色盲症。他就是英国著名的化学家和物理学家约翰·道尔顿（见图11-15）。

　　道尔顿发现色盲源于一件偶然发生的小事。在一年圣诞节前夕，道尔顿买了一双"棕灰色"的袜子送给妈妈作为圣诞节的礼物。当妈妈看到袜子时，感到袜子的颜色过于鲜艳，

图 11-15　道尔顿

就对道尔顿说："你买的这双樱桃红色的袜子，让我怎么穿呢？"对于妈妈的说法，道尔顿感到非常奇怪：袜子明明是棕灰色的，为什么妈妈说是樱桃红色的呢？道尔顿拿着袜子又去问弟弟和周围的人，除了弟弟与自己的看法相同以外，其他人都说袜子是樱桃红色的。道尔顿对这件小事没有轻易放过，而是敏锐地感觉到其中蕴含未知的奥秘。他经过认真的研究，发现他和弟弟的色觉与别人不同，都患有色盲症。道尔顿也因此成了第一个发现色盲的人，也是第一个被发现的色盲患者，为此他写了一篇论文——《论色盲》，成为世界上第一个提出色盲概念的人。后来，人们为了

纪念他，把色盲症也称为道尔顿症。

图 11-16　道尔顿与妈妈对颜色的不同判断

世界上色盲患者不少，他们与常人对颜色判断不同的事件一定也曾多次发生，为什么道尔顿发现了色盲症而其他人没有发现呢？根本原因在于，作为一个杰出的科学家，道尔顿具备敏感、好奇、顶真、执着等优秀品质。当妈妈说袜子是樱桃红色时，他并不是一笑了之，也不是责怪妈妈老糊涂，而是敏锐地感觉其中蕴含未知的奥秘，并进行认真的比较和深入的研究。

所谓色盲，是指失去正常人辨别某种或某几种颜色能力的一种先天性色觉障碍。它是由于视网膜的视锥细胞内感光色素异常或不全造成的。色盲可分为红色盲、绿色盲、红绿色盲、黄蓝色盲和全色盲。

红色盲患者的主要表现是无法对红色做出反应，对红色与深绿色、紫红色以及紫色不能分辨，还常将绿色视为黄色，将紫色视为蓝色，将黄色和蓝色相混为白色。

　　绿色盲患者分辨不出淡绿色与深红色、紫色与青蓝色、紫红色与灰色，把绿色视为黑色或暗灰色。

　　红色盲与绿色盲常统称红绿色盲，红绿色盲是最常见的色盲类型，平常所说的色盲一般都是指红绿色盲。在红绿色盲患者眼中，红花绿叶都成为一片灰暗，如图 11-17 所示。

图 11-17　正常人和红绿色盲患者看到景象的比较

　　黄蓝色盲患者主要表现为对蓝、黄色混淆不清，对红、绿色可辨。这种色盲较为少见。

　　全色盲是最严重的一种色觉障碍，其症状主要表现为对物体仅有明暗之分，而无颜色差别，而且所见红色显暗、蓝色显亮。全色盲极为罕见，但对患者影响很大。因为他的视觉完全依赖视杆细胞，而视杆细胞只在低亮度条件下才能发挥最好的功能，所以，全色盲患者在白天或在室内亮度较强的环境下，必须戴上深色的太阳镜。

　　有无色盲可用色盲测试图进行检测。例如对于图 11-18，正常人从图中看到"6"，红绿色盲患者看到的却是"5"，全色盲患者什么数字也看不到。

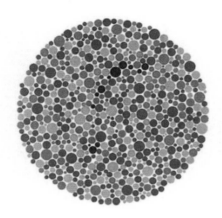

图 11-18　色盲测试图

色盲具有遗传性，其遗传规律是：若父母都是色盲，所生的孩子不管是儿子还是女儿都是色盲。若母亲色盲，父亲正常，则所生的儿子肯定是色盲，女儿全部表现正常，但都是色盲基因携带者；该女儿与正常男性结婚后，其儿子有 50% 的概率患色盲，其女儿表现都正常，但有 50% 的概率是色盲基因携带者。正因如此，男性色盲人数比女性色盲人数要多，男性患色盲的概率为 7%，女性患色盲的概率为 0.49%。

色盲患者由于无法辨别红绿灯等交通信号灯的颜色，如果驾车容易造成交通事故。所以色盲者是禁止驾驶机动车的。

第 12 章

看不见的光

在一个伸手不见五指的夜晚，反恐部队的军人潜伏在掩体中，正寻找合适的时机向几个恐怖分子发起进攻。一个军人拿出夜视仪观察周围的环境和恐怖分子的动静。如此漆黑的夜晚，他们是怎样看见目标的呢？

图 12-1　用夜视仪进行军事观察

红外线和紫外线的发现

　　如果问你对什么光最熟悉，你一定会说太阳光，因为我们一生都在免费使用太阳光。我们还知道，太阳光是由红、橙、黄、绿、蓝、靛、紫七种色光构成的。但这种对太阳光的认识完整吗？

　　早年的天文学家对天体的认识都是通过肉眼的观察来获得的。太阳与人类的关系如此密切，天文学家很希望看清它的模样，但高悬天穹的太阳是那么炽热，观察时眼睛容易被阳光灼伤。天文学家为此很伤脑筋，他们曾想了许多办法，尝试用不同的材料去挡住太阳的热，而不减弱阳光的亮度，却得不到什么结果。在牛顿用三棱镜将太阳光分解为七种颜色的光之后，人们想进一步弄清楚，究竟是哪一种颜色的光发热最强，以便采取保护眼睛的有效措施。

　　这一问题也深深地吸引着英国天文学家威廉·赫谢尔（William Herschel）（见图 12-2）。1800 年的一天，幸运女神终于降临于赫谢尔身边。这一天，赫谢尔做着与别的科学家类似的实验：把一支水银温度计的玻璃泡涂黑，用它逐点测量经三棱镜分成七色的光谱带的温度。当他对各个色光区进行测量后，把温度计在红光区边缘再往外移了几毫米到了黑暗区域时，他惊奇地发现：温度居然仍在升高！但把温度计放在紫光区之外时，温度却不再上升。

　　这一发现在当时是很难被人们接受的，因为红光区之外是一

图 12-2　英国天文学家威廉·赫谢尔

个什么都看不见的黑暗区域，黑暗中不是什么光都没有吗？究竟是什么原因使温度计的读数上升呢？受已有认知的束缚，有人做出这样的解释：这是因为三棱镜被太阳烤热了，而温度计则是受到三棱镜的烘烤而温度升高。人通常存在这样的缺陷，当新的现象与已有的认知发生冲突时，已有的认知往往会成为思想的牢笼，而难以产生新的思维。正如英国科学学创始人贝尔纳所言："构成我们思维障碍的不是未知的东西，而是已知的东西。"

赫谢尔并不认为事情就那么简单。发现温度计在太阳光谱红光区之外读数也会升高的现象之后，他又做了大量实验，观测火焰、烛光、火炉等不同的光源和热源，结果发现，不同光源的红光区域之外不但都有类似的热效应，而且其热效应比在可见光区域还要强。他确信这个区域一定存在着一种人们未知的"不可见的光"，并将它命名为"热谱线""致热线""暗中线"。后来许多科学家的大量实验为这种光的存在提供了更多的证据，人们把这种"看不见的光"称为红外线、红外辐射，简称"红外"。

在赫谢尔之前，虽然人们已经做过大量类似的实验，但都是将温度计的玻璃泡在可见光区域移动。赫谢尔的可贵之处就在于，他越过太阳光仅由七色光组成这一"雷池"。但他当时无论如何都无法预料到，仅仅把温度计向红光区外移动了几毫米，竟然让他获得了巨大的科学发现，从而进入一个无比宽广的新天地。

得知赫谢尔发现红外线之后，德国物理学家里特（Johann Wilhelm Ritter）（见图12-3）对这一发现怀有极大的兴趣。他坚信，事物具有两极对称的特性，既然在可见光的红端之外有看不见的辐射存在，那么在可见光的紫端之外也应当存在看不见的辐射。幸运的是，在1801年的一天，他的手头刚好有一瓶氯化银溶液。当时人们已经知道，氯化银在加热

图12-3　德国物理学家里特

或光照时会分解而析出颗粒很小、呈黑色的银。里特用氯化银做了这样一个实验：他先用一张纸片蘸了少许氯化银溶液，然后把纸片放在白光经三棱镜色散成七色光的紫光外侧的黑暗区。一会儿，他惊喜地观察到蘸有氯化银部分的纸片变黑了，这说明纸片的这一部分受到一种"看不见的光"的辐射，这也使里特成为紫外线的发现者。

无处不在的红外线

虽然红外线无法被我们看见，但是在自然界，与我们熟悉的可见光相比，红外线更是无处不在。

我们知道，无论是可见光，还是红外线、紫外线、X射线、γ射线，以及无线电波，都是电磁波家族的成员，只是它们的频率或波长不同而已，如图12-4所示。

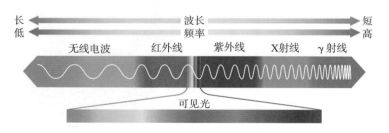

图12-4　电磁波谱

在电磁波谱中，可见光的波长范围为400～800纳米，而红外线的波长范围为800～1000000纳米，比可见光的波长范围要大得多。物体若要显著地辐射可见光，温度须高达几千摄氏度，而所有物体在任何温度下都会向外辐射红外线。地球及地球上所有的物体，包括我们自身，都无时无刻不向外辐射红外线。据测算，地球及周围的物体红外辐射的强度相当可观，每平方米高达几百瓦，只是因为辐射的都是黑暗的光，不像太阳光和灯光等可见光那样，为我们所察觉。物体发出可见光的同时，也在发出红外线。有的物体看上去发出的可见光非常强烈，但实际上最强的辐射还是红外线。例如，白炽灯正常发光时，其发出的不同波长辐射的强度可用如图 12-5 表示。由图线可见，此时白炽灯发出最强辐射的波长大于 900 纳米，属于红外线。

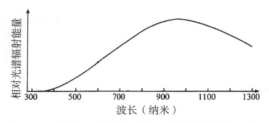

图 12-5　白炽灯正常发光时的相对光谱辐射能量分布图

红外线的广泛应用

你看电视喜欢看哪些台？什么节目？当你拿着遥控器选择电视频道（见图 12-6）时，你就是在利用红外线。电视机遥控器的前端有一个发光二极管，按下不同的键，可以发出不同的光波，从而实现对电视机的遥控。前面

图 12-6　用遥控器选台

介绍过的夜视仪，也是利用红外线进行工作的。除此之外，红外线在生活、生产、科技、军事等领域都有着极为广泛的应用。

红外线的最大特性是热效应，它的许多应用都是利用了这一特性（见图 12-7 至图 12-12）。

图 12-7　红外烘烤

（用不同的红外烘烤设备，可以对粮食、香菇、药品、布匹、木材及电器外壳的油漆涂料等进行烘烤。这种烘烤方式具有快速、均匀、不改色味、节约能源等特点）

图 12-8　红外测温

（用红外测温仪可以方便地测量人的体温和火车轮轴、炼钢炉等物体的温度。红外测温仪灵敏度高，测温范围广，测量时可以不与被测对象接触，不会对被测温度造成干扰）

图 12-9　森林火灾的红外遥感图

（用航空、航天器上的红外遥感设备对地球表面进行监测，以了解火灾、环境污染等状况）

图 12-10　红外生命探测仪

（利用人体的红外辐射特性与周围环境的红外辐射特性的差别进行探测，可用于灾害后废墟下人员的救援，海关等安检人员也可用其来侦测货柜夹层是否藏有偷渡人员）

图 12-11　热像仪
（热像仪能把测定的物体温度分布转换成热像图，可用于探测物体的内部缺陷，诊断病人肢体炎症、血管病、骨肿瘤和乳腺肿瘤等疾病。图上的彩色并非被测对象各部分发射的光的颜色，而是用不同的颜色表示温度高低）

图 12-12　红外线治疗仪
（红外线照射病人身体时，可透过衣服、穿过皮肤，直接使肌肉、皮下组织等产生热效应。红外线治疗仪可加速血液等物质的循环，促进新陈代谢，减少疼痛，舒缓肌肉，产生按摩效果等。适用于对病人的基础护理、外科护理和烧伤护理）

虽然红外线的应用十分广泛，但过强的红外辐射对人体来说会造成不利的影响。钢铁冶金高温作业环境的主要特点是热辐射强、温度高。特别是钢铁冶炼和红钢热轧等作业，都是典型的红外辐射接触作业。强度过高的波长为 800 ～ 1200 纳米的短波红外线可透过眼球的角膜进入房水、虹膜、晶状体和玻璃体，从而导致白内障（被称为"红外线白内障"）。

紫外线的特性与应用

　　紫外线是电磁波谱中波长为 10 ～ 400 纳米的辐射的总称，与红外线一样，紫外线也不能引起人的视觉。自然界的紫外线主要来自太阳，太阳辐射中包含着大量的紫外线，这些紫外线在透过大气层时，大部分被大气层中的臭氧吸收掉了。人工紫外线主要来自气体放电产生的电弧，如图 12-13 所示。

　　人眼无法看见紫外线，但有些昆虫（如蜜蜂）却能看见。同样是阳光照射下的一朵花，人眼看到的和蜜蜂看到的是两个完全不同的模样，如图 12-14 所示。

图 12-13　电焊时产生的电弧会发出高强度的紫外线，电焊工用玻璃罩挡住紫外线，以免眼睛受伤

（a）　　　　　　　（b）

图 12-14　人眼看到的花（a）和蜜蜂看到的花（b）

（人眼看到的花，只反射可见光；蜜蜂能看见花瓣上涂色条纹的紫外线图案，这些图案引导它们飞到那里去采蜜）

紫外线主要有以下几个作用：

化学作用　紫外线与可见光一样，也可以使照相底片感光。照相底片上涂有一层碘化银物质，当紫外光照射时，碘化银会发生分解，生成银和碘。

荧光作用　紫外线照射在荧光物质上，能使荧光物质发出荧光，日光灯、紧凑型节能灯，都是利用这个原理发光的，如图 12-15 所示。

图 12-15　灯管通电后，管内产生的紫外线照到涂有荧光粉的管壁上，使管壁发出明亮的荧光

生理作用　如图 12-16 所示，少量紫外线可使皮肤细胞变得健康。人体皮下储存的胆固醇受紫外线照射后，可转化为人体所需的维生素 D，维生素 D 可促进人体对钙的吸收，从而使骨骼坚固，预防儿童佝偻病、骨软化和老年骨质疏松症。在日照不足的国家，婴幼儿的佝

图 12-16　人们到户外进行日光浴，接受适量的紫外线照射

偻病及成人的骨质软化和骨质疏松症的发病率较高。紫外线灯还常用于治疗因肝脏原因所致的新生儿黄疸，如图 12-17 所示。紫外线的照射会使人的皮肤变黑，这是因为在紫外线的照射下，人体皮肤的表皮细胞会生成黑色素，并向周围细胞扩散，以此对抗紫外线对皮肤的伤害。可见，皮肤晒黑是人体防止紫外线伤害的一种自我保护措施。

图 12-17　紫外线用于治疗新生儿黄疸（图中婴儿的眼睛被蒙住了，以免眼睛受到太多紫外线的照射而受伤害）

　　有趣的是，与人体具有自我保护能力一样，植物也具有防止紫外线伤害的本能。如图 12-18 所示是生长在喜马拉雅山的珍贵药材塔黄，它的叶子像棚子一样盖住它的花。这样，既可以像温室一样提高里面的温度，使昆虫容易进行授粉，又可以防止高山上强烈的紫外线伤害受精卵。

　　消毒杀菌作用　紫外线对生物的影响很大，波长最短的紫外线具有杀伤生物细胞的能

图 12-18　生长在喜马拉雅山的塔黄

力。因此，紫外线除了用于医院或厨房用具的消毒杀菌（见图 12-19）外，还可用于水池和水上公园水源的净化。

图 12-19　紫外线消毒柜

过量的紫外线会破坏皮肤细胞，导致皮肤产生皱纹、色斑，使皮肤未老先衰，产生日光性皮炎及晒伤，或皮肤和黏膜的日光性角化症，甚至引起皮肤癌变。不少地区的天气预报都有紫外线辐射指数这一信息。

思考

为什么高原上的人皮肤都比较黝黑（见图 12-20）？

?

图 12-20　皮肤黝黑的藏族姑娘

链接

紫外线指数

随着科学的发展和社会的进步，许多地区的天气预报中增加了一项新内容：紫外线指数。

按强度高低，紫外线指数共有 15 级，各级指数的晒伤时限、防护措施如下表所示。

紫外线指数	曝晒级数	晒伤时限	防护措施
0～2	微量级	—	—
3～4	低量级	—	—
5～6	中量级	30 分钟内	帽子 / 阳伞＋防晒霜＋太阳眼镜＋尽量待在阴凉处
7～9	过量级	20 分钟内	帽子 / 阳伞＋防晒霜＋太阳眼镜＋阴凉处＋长袖外衫衣物＋上午 10 时至下午 2 时最好不外出
10～15	危险级	15 分钟内	帽子 / 阳伞＋防晒霜＋太阳眼镜＋阴凉处＋长袖外衫衣物＋上午 10 时至下午 2 时最好不外出

臭氧层与紫外线

在地球的大气层中，离地面 10 ～ 55 千米的平流层里臭氧相对集中，形成了臭氧层，如图 12-21 所示。臭氧层并非仅由臭氧

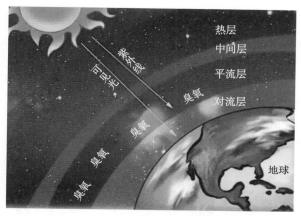

图 12-21　臭氧层吸收了大部分有害紫外线

组成，而是在这个区域臭氧相对集中而已。如果把分布在平流层里的臭氧集中起来放在地面上，大约只有 3 毫米厚。但正是貌似微不足道的臭氧层，对人类的生存起着非常重要的作用，它能够把太阳辐射中大部分有害的紫外线吸收掉，从而对地球上所有生物起到保护作用，故称它为地球生命的"保护伞"。如果臭氧层遭受破坏，紫外线便会长驱直入。据一些专业机构估计，平流层中臭氧减少，对皮肤癌的发病率会产生很大的影响。臭氧含量减少 1%，则损害人体的紫外线就会增加 2.3%，皮肤癌发病率增加 5.5%。曾有人对 100 多种植物进行研究，发现五分之一的植物对紫外线敏感，许多农作物都会因臭氧层破坏而减产。

　　科学家在 20 世纪 70 年代就发现了，地球南极上空的大气层中，臭氧的含量逐年减少，并形成了臭氧空洞。1985 年，臭氧空洞的面积已和美国整个国土面积相近。2011 年 10 月，多国研究人员发现北极上空也首次出现了类似南极上空的臭氧空洞，如

图 12-22 所示。在 18 千米到 20 千米的高空，臭氧减少量超过了 80%，臭氧空洞面积最大时相当于 5 个德国或美国加利福尼亚州。

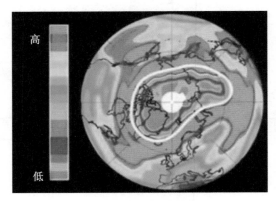

高

低

图 12-22　2011 年，科学家发现北极上空也
出现了大面积的臭氧空洞

　　形成臭氧空洞的根本原因是人类使用空调、冰箱、灭火剂、杀虫剂等而向大气排放氟利昂所致。为了遏制臭氧空洞的继续扩大，保护地球环境，各国加强了合作，开发替代氟利昂的物质，以减少并最终禁止使用氟利昂等物质。